蔡万刚◎编著

二孩妈妈要读的心理学

国家一级出版社 中国纺织出版社 全国百佳图书出版单位

内 容 提 要

我国政府从2016年放开二胎政策之后,生育二胎的家庭越来越多。那么,对于二胎妈妈来说,在养育孩子的过程中要注意哪些事项呢?又要如何去做,才能更好地教育和引导孩子呢?

本书从家庭环境、儿童心理、妈妈心理的角度出发,分析了二胎家庭里的各种现象,也告诉那些因为生育二胎而感到迷惘的妈妈如何才能保证两个孩子健康快乐地成长,如何才能让自己成为一个更合格且优秀的好妈妈。

图书在版编目(CIP)数据

二孩妈妈要读的心理学/蔡万刚编著.--北京:中国纺织出版社,2019.6(2020.4重印)
ISBN 978-7-5180-6012-2

Ⅰ.①二… Ⅱ.①蔡… Ⅲ.①儿童心理学②儿童教育—家庭教育 Ⅳ.①B844.1②G78

中国版本图书馆CIP数据核字(2019)第050133号

责任编辑:闫 星　　特约编辑:王佳新　　责任印制:储志伟

中国纺织出版社出版发行
地址:北京市朝阳区百子湾东里A407号楼　邮政编码:100124
销售电话:010—67004422　传真:010—87155801
http://www.c-textilep.com
E-mail:faxing@c-textilep.com
中国纺织出版社天猫旗舰店
官方微博http://weibo.com/2119887771
天津千鹤文化传播有限公司印刷　各地新华书店经销
2019年6月第1版　2020年4月第2次印刷
开本:710×1000　1/16　印张:13
字数:200千字　定价:39.80元

凡购本书,如有缺页、倒页、脱页,由本社图书营销中心调换

前言

对孩子的教养,是一项复杂的系统工程。哪怕是已经有过养育孩子经验的妈妈,或者是育儿理论知识丰富的教育专家、心理学家,也不知道自己在教养孩子的过程中将会面临怎样的难题和困境。当然,这只是从困难的角度来说,从养育孩子的幸福快乐的角度来说,妈妈们在育儿的过程中一定收获大于付出、快乐大于辛苦。无论如何,养育孩子都是艰难而又辛苦的工作,妈妈只能是痛并快乐着、辛苦并幸福着。

当妈妈难,当好妈妈更难,当一个有两个孩子的好妈妈,更是难上加难。因为,面对两个孩子的抚养和教育问题,妈妈不仅要多付出一倍的努力,甚至要多付出几倍的努力。家里有两个孩子,就像有两个不定轨迹的行星,充满了太多的未知和不确定因素。所以,妈妈在决定生养二孩之前,不但要作好经济上的准备、人手上的准备,更要作好心理上的准备。因为随着二孩到来,妈妈的生活必然发生天翻地覆的变化。

在诸多的变化之中,最让妈妈措手不及的还是大孩由于二孩到来而产生的各种心理问题。在二孩出生之前,大孩作为家庭里唯一的孩子,也作为父母的第一个孩子,理所当然地得到了父母所有的爱与关注,也得到了父母无微不至的呵护和全力以赴的付出。但是,当二孩到来,面对着柔软娇嫩的新生命,妈妈会不由自主地更疼爱新生命,导致曾经对大孩全力以赴的姿态和态度都发生改变。

按照传统的教育观念,很多妈妈理所当然地认为自己应该更加关注二孩、多多照顾二孩,其实不然。如果说二孩的到来让妈妈的人生彻底改变,也给家庭生活带来冲击,那么受到影响最大的就是大孩。所以,

在二孩出生之后，妈妈反而要更加关注大孩的心理健康和情绪改变，并给予大孩更多的爱。不管两个孩子在相处过程中出现怎样的问题，妈妈都要保持淡定，而不能因为慌张就不由分说地训斥和指责大孩。如果在两个孩子之间注定有一个孩子要受到批评，那也是二孩首当其冲。

当然，妈妈也无须因为二孩的到来就对大孩心生内疚，自从二孩政策放松之后，有很多父母决定再生一个孩子，因而特意与大孩商量，结果都被大孩一票否决。还有些大孩在冲动之下做出过激的事情，不但伤害了自己，也深深地伤害了父母。其实，父母是否多要一个孩子，是父母自己的事情，因而父母要放松心情，无须煞有介事、紧张焦虑地与大孩商量。如此郑重其事，反而会把紧张的情绪传染给大孩，让大孩作出过激反应。而如果父母放松心情，以理所当然的态度接纳二孩，并把这个好消息与大孩分享，相信一定会得到不一样的结果。

毋庸置疑，在养育两个孩子的过程中，妈妈是最为辛苦的，不但要保证孩子的生理需求得到满足、健康成长，还要照顾孩子的情绪感受，保证孩子心理健康、得到爱的满足。在分身乏术的情况下，不要当坚强的妈妈，要学会向爸爸求助，让爸爸分担重任，甚至可以向大孩求助，让大孩知道妈妈的辛苦。无论妈妈采取怎样的方式处理亲子关系、手足关系，有一点很重要，那就是妈妈一定要让孩子有安全感，让孩子得到确定的爱。有人说，心若改变，世界也随着改变。对于妈妈而言，要想把四口之家的日子过得风生水起，最重要的就是疏导孩子的情绪，梳理孩子的关系，只有孩子好了，妈妈才能真正获得幸福。

编著者
2018年4月

目 录

第01章 二胎时代来临,你作好充分准备了吗 ‖001

要二孩,妈妈要作好心理准备 ‖002

多养一个孩子,要多花多少钱 ‖004

全职妈妈的心理门槛 ‖006

二孩来了,老大的生活变化 ‖008

隔代教育,家庭冲突的根源之一 ‖010

二孩妈妈,你要如何化解嫉妒 ‖012

学会爱孩子,妈妈不亏欠 ‖014

第02章 二孩妈妈会遇到的问题,你想过吗 ‖017

二孩来了,父母的爱会减半吗 ‖018

当妈妈被两个孩子同时需要时 ‖020

如何对待老大 ‖023

为何妹妹比哥哥强 ‖025

二孩妈妈如何照顾家庭 ‖028

独生子女父母如何迎接二孩潮流 ‖030

第03章 二宝出生前，怎样作好大宝的心理干预 ‖ 033

当大宝拒绝父母生二孩 ‖ 034

生二孩，是否需要经过大宝同意 ‖ 037

老大到底应该什么样 ‖ 040

要二孩之前，先对大宝进行心理干预 ‖ 042

妈妈在孕期时被老大黏怎么办 ‖ 044

第04章 二宝出生后，大宝的感受也不容忽视 ‖ 047

二宝出生后，要更关注大宝 ‖ 048

怎样帮助大宝获得心理平衡 ‖ 051

大宝行为倒退怎么办 ‖ 053

大宝为何不能无条件喜欢二宝呢 ‖ 055

让大宝对二宝的到来感到欢喜 ‖ 057

第05章 大宝的怨怼，妈妈要重视起来 ‖ 061

大宝为何越来越霸道 ‖ 062

大宝为何不能接纳二宝 ‖ 064

大宝为何变得如此嫉妒 ‖ 067

大宝不想独立睡觉怎么办 ‖ 069

支持大宝维护自己的利益 ‖ 071

面对大宝的抱怨，妈妈怎么办 ‖ 073

当大宝质疑为何二宝不用上学 ‖ 075

目录

第06章　关注大宝心理：妈妈的爱没有变　‖ 079

　　孩子虽小，也能理解道理　‖ 080

　　妈妈的情绪会影响孩子　‖ 082

　　全心全意享受迎接新生命的喜悦　‖ 084

　　每天都抱抱，给孩子温暖　‖ 086

　　相信大宝的内心感情丰富细腻　‖ 088

　　妈妈，不要爱谁更多一些　‖ 091

　　手足，是孩子真正的终身伴侣　‖ 093

第07章　关注二宝心理：别让二宝成为小霸王　‖ 097

　　三岁的弟弟存在感越来越强　‖ 098

　　二宝的性格软弱怯懦怎么办　‖ 100

　　二宝的心机更强吗　‖ 103

　　不要小觑二宝的模仿能力　‖ 105

　　为什么二宝很喜欢告状　‖ 107

　　当二宝让大宝不堪其扰　‖ 110

第08章　一视同仁别比较，大宝二宝都是宝　‖ 113

　　不比较大宝和二宝　‖ 114

　　孩子性格迥异，都要获得表扬　‖ 116

　　妈妈情绪好，俩宝才相处得好　‖ 118

　　相互忍耐，就是相互伤害　‖ 121

妈妈要慷慨关心俩宝 ‖124

孩子也会喜欢爸爸 ‖126

大宝和二宝，谁更依恋妈妈 ‖128

第09章　手足相处，摩擦和冲突避无可避 ‖133

当弟弟不小心摔倒 ‖134

俩宝意见不统一怎么办 ‖136

俩宝打架，谁最愤怒 ‖139

俩宝有规则，父母不要帮倒忙 ‖142

冲突伴随着俩宝成长 ‖144

父母何时介入俩宝的冲突最合时宜 ‖146

第10章　别让矛盾隔夜，两个孩子之间的问题如何调节 ‖149

怎样消除老大愤愤不平的情绪 ‖150

当老大欺负老二，父母要关注老大 ‖152

如何协调俩宝之间的战争 ‖155

放心吧，哥哥姐姐都会到来 ‖157

不大不小的中间娃最容易被忽视 ‖159

让孩子不担心妈妈会被抢走 ‖161

第11章　友好的相处模式，是需要聪明妈妈着力培养的 ‖165

怎样帮助俩宝建立良好的相处模式 ‖166

帮助俩宝建立规则，形成责任感 ‖ 168

当俩宝统一战线 ‖ 170

孩子生病，是否需要隔离 ‖ 172

俩宝分开带真的好吗 ‖ 175

不要在俩宝之间树立榜样 ‖ 177

第12章 每个孩子都是不同的，公平地去爱他们 ‖ 181

公平地爱两个宝贝 ‖ 182

不要在俩宝之间激发竞争 ‖ 185

以欣赏的眼光发现每个宝贝的优势 ‖ 187

给俩宝完全安心的感觉 ‖ 189

当俩宝争夺妈妈的"奶瓶" ‖ 192

不要总是要求大宝忍让 ‖ 194

参考文献 ‖ 197

第 01 章
二胎时代来临，你作好充分准备了吗

1978年，独生子女政策写入基本国策，1980年，独生子女政策开始正式执行，历时35年，2016年，国家正式提倡一对夫妇生育两个子女。至此，推行了35年的独生子女政策正式退出历史舞台。很多家庭都响应政策号召，正式开始迎接二孩时代的到来。在此之前，有些夫妇已经生养了两个孩子；在此之后，有更多的夫妇将踏上二孩之路。那么，生养二孩到底需要作好哪些准备呢？

要二孩，妈妈要作好心理准备

生养二孩，妈妈首先要作好充分的心理装备，毕竟生养二孩的头号功臣就是妈妈，也可以说，决定生养二孩，对于妈妈的影响是最大的，且需要妈妈付出最多。一想起养育大孩的经历，很多妈妈都会情不自禁感到抓狂：为了生养大孩，我已经付出了很多，二孩的到来会不会彻底扰乱我的生活节奏，让我生养大孩之后好不容易捋清的生活再次陷入混乱之中呢？生养二孩之后，我给大孩的爱必然减少，这对于大孩是不是莫大的不公平呢？如果大孩和二孩相处不好怎么办？诸如此类的担心，都是妈妈难免要考虑到的，所以，要迎接二孩的到来，妈妈一定要作好充分的心理准备。

实际上，恐惧是人的本能，尤其是当感到未来完全处于未知的状态时，人们更是难以控制自己的恐惧。当恐惧因为未知而起的时候，让自己对于未来有所把握，是消除或者缓解恐惧最有效的方式。尤其是在父母本身也是独生子女的情况下，他们在成长阶段就已经习惯了三口之家且在成人之后也习惯了只有一个孩子的家庭模式，所以很难接受四口之家的生活模式。作为最早的一代独生子女，不少父母难免会担忧未来两个孩子相处时的矛盾问题，也不知道到底如何做才能避免糟糕的情况发生。但是，看着别人家两个孩子其乐融融，他们还是忍不住怦然心动。

在这样纠结的状态之中，他们也感受到深刻的烦恼，这该如何是好呢？其实，最重要的在于，要打定主意，是否迎接二孩的到来。

很多独生子女的父母常常感到焦虑，这是因为在投入所有的心力陪伴一个孩子成长的过程中，他们难免感到紧张、担忧，也因为把所有的期望都寄托在一个孩子身上，他们也难免对唯一的孩子期望过高；而二孩的到来，有效地缓解了他们的紧张情绪，让他们可以降低对孩子的过高期望，并减轻对孩子的紧张焦虑情绪。不可否认的一点是，二孩的到来必然分散父母原本全力投注于大宝身上的时间和精力；也因为二孩初来乍到，全家人都手忙脚乱，甚至会难以避免地忽略大宝。在这种情况下，妈妈自然会生出对于大宝的愧疚。其实，这些都是正常的现象，也是可以以平常心顺利渡过的。妈妈要知道，即使没有倾注所有的爱，也不影响大宝健康快乐地成长；相反，大宝多了手足之情，会更加幸福快乐，从而感受到很多独生子女不曾体会到的陪伴。

有了兄弟姐妹的陪伴，原本作为独生子女的大宝更容易学会分享，这样的成长模式也可以把他们从自以为是、以自我为中心的模式中解放出来，让他们知道这个世界并非以他们为中心进行旋转。这恰恰解决了很多独生子女父母都感到非常忧虑的问题。二孩的到来，会让父母与孩子的相处变得更加和谐融洽，更有利于孩子长大成人之后融入社会，建立良好的人际关系。所以，对于父母而言，生养二胎也许会面临很多担忧和困惑，但是二孩的到来绝不是分走了父母对于大孩的爱那么简单的计算题。父母要更加意识到二孩到来对于大孩成长的好处，从而放下疑惑，全心全意迎接二孩的到来。当然，如果父母本身不想要两个孩子，则另当别论。只有爱，才能成为父母抚养好两个孩子的原始动力。

多养一个孩子,要多花多少钱

虽然钱不是万能的,但是,在现代社会,要想更好地生存,没有钱是万万不能的。父母在决定是否要二孩之前,要对整个家庭的经济情况作出客观的评估,也要对二孩到来之后的开销情况有所了解,这样才能在经济上作好准备。前文说了,妈妈在迎接二孩到来时应有的心理准备,在这里必须说一说父母要二孩的经济准备。唯有在心理上和经济上都准备好,父母才能避免因二孩的到来手忙脚乱。

很多父母误以为养育二孩不需要花很多钱,因为二孩可以穿大宝剩下的衣服,用大宝的物品和玩具。其实不然。对于父母而言,对两个孩子的爱一定要均等,如此才能让两个孩子和平友好地相处。虽然二孩可以用大宝的很多东西,但是父母依然要为二宝准备相应的物品。在这个过程中,父母会发现,二宝要用到的东西,或者吃的婴幼儿辅食,大宝居然也需要跟着再吃一遍、再用一次。这是为什么呢?因为,随着二孩的出生,大宝会出现行为倒退现象,他们或者因为好奇,或者因为嫉妒,会要求和二孩用同样的东西、吃同样的物品。这样一来,父母养育二孩的过程中,相当于让大宝再次经历了婴幼儿时期。

从教育的角度来说,费用是根本节省不了的。随着时代的发展,二孩要接受的教育甚至比大宝更为先进和超前,费用自然也水涨船高。总而言之,在这样的状态下,父母养育二孩的费用不会减少,只会增多,甚至有很多父母说,养育两个有年龄差距的孩子,相当于养育了三个孩子。这样的说法尽管有些夸张,却是有据可循的。

在二宝没有出生之前,妈妈感到很轻松,因为她觉得二宝可以穿

大宝的衣服、玩大宝的玩具,所以,在二宝小的时候,根本无须花费太多的钱。后来,二宝出生了,是个女孩——与大宝性别不同。妈妈欣喜若狂:"感谢命运,居然让我如愿以偿地生了个女孩,这可是贴心小棉袄啊!"然后当即改变想法:好不容易生个女孩,不能让她都用哥哥剩下的东西、衣服,必须买那些可爱的女孩服饰和用品。就这样,妈妈还在月子里,就开始为自己此前准备不充分而后悔,因此一出了月子就买买买。买得多了,大宝作为哥哥也有意见:为何只给妹妹买,不给我买呢?为此,妈妈只好也不间断地给哥哥买,省得哥哥有意见。

出了月子后,妈妈的奶水越来越少,妹妹便开始吃奶粉。看到妹妹有滋有味地喝着奶粉,哥哥也馋了,提出要喝妹妹的奶粉。眼看着一罐奶粉几天就见了底,妈妈再买奶粉的时候,只好给哥哥买同品牌的大孩阶段奶粉。这样,哥哥就可以在妹妹喝奶粉的时候跟风了。在妹妹成长的过程中,哥哥经常跟风,这使得抚养两个孩子的费用成倍增长,根本节省不下来。爸爸感到压力山大,更加辛苦地工作,妈妈在休完产假之后,也把妹妹交给奶奶带养,赶紧去上班了。

在这个事例中,爸爸妈妈对抚养二胎的费用显然估算得太低,导致二孩到来之后,他们因为庞大的开销而觉得措手不及。对于养育孩子的费用预算,不管父母本身是主张穷养孩子还是富养孩子,在估算二孩费用的时候,都要留出一定的富余。因为二孩的出生和大孩不同,大孩出生的时候,全家人都把钱省出来给大孩花费,而在二孩出生的时候,大孩的花费非但不能减少,反而有可能增多。

在作生二孩准备的时候,父母首先要作好经济上的准备,这样才能有充足的财力支撑养育孩子。尤其需要注意的是,二孩还小,除了保

证二孩的吃喝拉撒之外，如果大孩对父母提出更多的要求，只要是合理范围内的，父母就应该尽量满足。这是因为，二孩刚刚出生，大孩的生活总会受到影响，所以父母要更侧重于照顾大孩，帮助大孩维持心理平衡，调整好大孩的心态和情绪。

全职妈妈的心理门槛

在生养大宝之后，如果有老人帮忙看孩子，很多年轻的妈妈还可以尽快回归工作岗位；如果没有老人帮忙看孩子，她们就会面临很艰难的选择：到底是在家里看孩子，还是把孩子交给保姆，自己则回归职场？毫无疑问，现代社会，物质的诱惑太多，导致人心也变得更加复杂，把孩子完全交给陌生的保姆，这无疑是非常冒险的行为，也是对年幼的孩子不负责任的表现。因而很多明智的妈妈宁愿辞掉工作亲自照顾孩子，也不能放心地把孩子交给保姆。然而，时代发展的速度很快，如果在家里亲自带养孩子，直到孩子三岁之后进入幼儿园的话，妈妈就会脱离工作岗位三四年的时间，这样还能找到合适的工作、实现人生的价值吗？仅仅这么想一想，就能认识到这个问题的难度。

然而，这仅仅是在大宝时代出现的难题。如果父母有计划地要二宝，则妈妈重回社会的日子更遥遥无期。虽然妈妈在家里负责带养孩子也是非常辛苦地为这个家庭作贡献，但是并不像爸爸那样能够在职场上做出明显的成就。有些爸爸每当工作辛苦的时候，还会抱怨自己在外面打拼太累，甚至忘记妈妈在家里更辛苦。所谓经济基础决定上层建筑，

这个理论在家庭里也是通用的，日久天长，妈妈没有经济收入，未免会觉得低人一等，甚至会因此被爸爸嫌弃，也被孩子瞧不起。可想而知，当妈妈长期地付出却只得到这样的结果，未免觉得心灰意冷。因而很多有事业心的妈妈根本不愿意为了生孩子而放弃自己的事业，更不想拿自己一生的幸福作为赌注。

这样的顾虑，让全职妈妈在决定是否要二孩的时候，必须迈过心理门槛，才能最终作出决定。到底是要工作，还是要二孩；到底是为自己的事业考虑，还是为了家庭无私付出？这是一个难题。也曾经有人说过，敢于要二孩的妈妈，都是对爸爸非常有信心的，的确如此。要二孩绝不是妈妈一个人的事情，而是需要爸爸妈妈一起协商最终达成共识才能去做的事情。爸爸如果想要二孩，就要给予妈妈最大的支持，做妈妈最坚强的后盾，这个支持既包括感情上的，也包括经济上的。让妈妈没有后顾之忧地要二孩，这才是合格且优秀的爸爸该做的事情。

不管是从家庭到职场，还是从职场到家庭，对于妈妈而言，都是关系到人生幸福的大事情。有些二孩妈妈家里有老人帮忙，也可以像当初养育大孩那样生完二孩就回归职场，让老人带养孩子，这也是不错的选择。当然，这样的合理安排是要有条件的，那就是家里有老人帮忙。至于没有老人帮忙的二孩妈妈，也许刚刚为了抚养大孩停下工作好几年，又要为了生养二孩继续停下工作，成为全职家庭主妇。这样的代价是巨大的，一定要慎重思考，确定自己无怨无悔，才能坚持到底。

生二孩，绝不是件容易的事情，关系到方方面面的调整，一旦二孩降临，整个家庭的生活都要改变。尤其是妈妈，因为二孩到来受到的影响更大，更要慎重思考，在打定主意之后再敞开怀抱迎接二孩的到来。

二孩来了，老大的生活变化

二孩来了，老大的生活会面临着怎样的变化呢？前面说过，二孩的到来使每个家庭成员都面临变化，老大作为家庭重要的成员，其生活当然也会出现巨大的变化。很多父母之所以不要二孩，就是因为父母所有的爱原本都倾注在老大身上，二孩到来之后，父母要分出大量的时间和精力照顾二孩，根本无法继续像以前那样全心全意照顾老大。不得不说，这是对老大的巨大考验，也是对父母协调两个孩子之间关系的能力考验。曾经有一位名人说过，父母的不公是兄弟姐妹之间关系彻底崩溃的根本原因之一，所以明智的父母不会随随便便就偏心某一个孩子，而是会尽量保持爱的均衡。

然而，二孩刚刚降生的时候，全家人都会因这个新生命的到来而手忙脚乱，难免会有无法顾及老大的时候。越是此刻，父母越是要更多地关注老大，尤其是要留意到老大的心理状态和情绪情感。因为此刻正是老大和二孩建立良好感情的好时机，如果在这个关键时期老大对于二孩产生抵触和反感心理，则未来老大与二孩的关系就没有那么和谐融洽。

在妈妈的肚子里还没有妹妹之前，乐乐很盼望和憧憬妹妹的诞生。在知道妈妈的肚子里已经有了妹妹之后，乐乐时常会抚摸着妈妈的肚子和妹妹聊天："小妹妹，你好啊！你现在还住在妈妈的肚子里，等再过几个月，你就会从妈妈的肚子里出来，就可以和哥哥一起玩啦！"然而，随着妹妹的出生，全家人都开始为这个小小的生命而忙碌，乐乐难免感到自己受到了冷落。

第01章 二胎时代来临，你作好充分准备了吗

妈妈带着妹妹从医院里回到家之后，有一天晚上，乐乐突然哭起来。爸爸妈妈不知道怎么回事，赶紧询问："乐乐，你怎么了？觉得哪里不舒服吗？"乐乐只是哭，不说话。妈妈突然意识到：乐乐也许是因为爸爸妈妈都围着妹妹转，所以才生气的。为此，妈妈对才六岁的乐乐说："乐乐，今天晚上和妈妈一起睡，好不好？"乐乐脸上现出惊喜的表情，但是马上又担忧地说："但是，你不是要搂着小妹妹吗？"妈妈说："没关系，可以让小妹妹在小床上睡觉，你和妈妈睡在大床。自从小妹妹出生，乐乐都没有和妈妈睡觉了。"乐乐这才破涕为笑，兴高采烈地抱着自己的枕头，来到妈妈的大床上。

在这个事例中，乐乐之所以突然爆发情绪，就是因为他感到自己受了冷落。在小妹妹没有降生之前，他可以尽情享受爸爸妈妈的关爱和照顾；随着小妹妹降生，他无形中受到冷落，感到自己被父母忽视，为此才会情绪冲动，以哭泣来吸引爸爸妈妈的注意。妈妈意识到乐乐的心理状态，马上表现出对乐乐的关切，这才使乐乐的情绪得以缓解。

二孩降生，对于老大最大的伤害就是，他无法继续得到父母所有的爱与关注。曾经，父母的眼睛每时每刻都在关注着自己，然而，此刻，父母的眼睛每时每刻都在关注着弟弟或妹妹。如此巨大的反差，会让老大内心失去平衡，觉得空落落的。因此，在二孩降生之初，父母要更加关注老大的心理状态和情绪情感，并及时地给予老大更多的陪伴和照顾，从而减少因二孩降生而带给老大的不良影响，这样老大才会发自内心喜欢二孩，真正爱上二孩。

隔代教育，家庭冲突的根源之一

　　隔代教育，似乎是中国家庭特有的现象，在西方国家，父母往往只把孩子抚养到十八周岁，之后就让孩子尽力养活自己，至于抚养孙辈，从来不是父母的义务。但是，在中国，尤其是在大城市，来自天南地北的老人都在发挥余热，聚集在子女所在的大都市里，以生硬而又蹩脚的普通话，和同样来自全国各地的老人们进行沟通和交流。不得不说，中国父母的牺牲和奉献精神是很强烈的。还有一些父母，甚至跟着子女们走出国门，在异国他乡继续为子女发挥余热，作出贡献。面对父母这样伟大的付出和牺牲，子女们却安之若素，总是以为父母最大的心愿就是能跟在子女身边，享受儿孙绕膝的天伦之乐。的确，父母在抚养孙辈的过程中能感受到一些乐趣，但是，子女必须认识到父母为了自己所作出的巨大牺牲和伟大付出。

　　现代社会，也有少数的年轻人经济条件允许，他们选择妈妈亲自带孩子、爸爸负责挣钱养家。然而，他们并不是为了解放父母才这么做的，而只是因为看了育儿专家所说的话，觉得孩子还是要由父母亲自带养更好。这样的出发点，不得不说是非常自私的，他们解放父母，只是为了孩子、为了小家庭好，而不是真正出于为父母考虑的角度。

　　为了帮助子女照顾孩子，父母背井离乡，离开自己生活了一辈子的农村、乡镇，来到陌生的大城市，承受着语言不通、气候不适应的痛苦。尤其是那些远去异国他乡的父母，更是要承受巨大的文化差异带来的冲击，不会说外国语言的他们，甚至只能留在家里，不敢四处走动。这样的震荡，对于年迈的父母而言是难以承受的，也是一种难以言说的

煎熬。养育孩子本身就是一个很辛苦的活儿，年迈的父母在把自己的子女养大成人之后，已经心力交瘁，如今为了给子女减轻负担，不得不承担起原本属于子女的责任和义务。原本还可以抓住中年的小尾巴享受生活的他们，被禁锢在子女的家中，等到孙子们都长大成人，他们已经垂垂老去。从这个角度而言，父母把他们的下半生都贡献给了孩子。

然而，即便父母付出了这么多，作出了伟大的牺牲，在养育孩子的过程中，子女还是难免与父母发生冲突。在年轻的子女的心目中，父母老了，思想观念落后，关于孩子的教育理念也非常迂腐，根本不足以肩负起教育孩子的重任。但是现实又逼迫他们不得不依靠父母的帮助，以保持正常的生活与工作。在这样的矛盾冲突之下，子女难免会对年迈的父母在教养孙辈方面提出要求，而父母又会因为付出很多反而被挑剔和苛责而心生不平。实际上，如果子女能够理解父母帮助他们带孩子是作出了牺牲，就会降低对于父母的要求，并亲自实践对孩子的教养，这样，不但可以避免矛盾与冲突，也可以有效提升教育的效果。

还有很多年轻的子女抱怨父母对于孙辈太过溺爱，而要求父母必须对于孙辈严格要求。试想：如果父母不溺爱子女，为何要帮助子女带养孩子呢？如果子女要求父母不要溺爱孩子，又为何要享受父母这样的付出和奉献呢？从这个意义上来说，一切依靠父母养育孩子的子女，都没有权利责备和抱怨父母对孩子太过疼爱，因为这样的子女本身正享受着父母的溺爱。

为人子女者，要对于父母怀有感恩之心，他们正因为具有大无畏的牺牲精神，且不惧怕拖着老年病弱的身体四处奔波，才能发挥余热，为子女养育孩子，让子女没有后顾之忧。

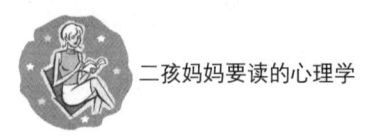

二孩妈妈，你要如何化解嫉妒

在有两个孩子的家庭里，老大难免会因为嫉妒心理而对老二心怀怨恨，甚至背着父母对老二做出泄恨的举动。诸如打老二一巴掌，或者掐老二一下，这些都是小儿科的报复行为，对于老二也不会造成实质性的影响；但是，一旦想到老大很有可能因为妒火中烧而对老二做出疯狂的举动，如把老二推到游泳池里或者把老二从窗户扔出去，父母一定会感到抓狂，根本无法保持情绪平静。

为此，很多父母要求老大必须接纳对于老二的嫉妒，殊不知，接纳嫉妒正是父母要做到的。父母唯有接纳老大的嫉妒，并切实有效地缓解老大的嫉妒，才能帮助老大消除内心的负面情绪，让老大做到与老二和平相处。实际上，即使是父母，要想完全接纳老大的嫉妒，也是很难的。在每一个有两个孩子的家庭里，父母最大的心愿就是两个孩子相亲相爱，彼此帮助和扶持，走过漫长的人生道路。最好两个孩子在成长的过程中也不要有矛盾，而是能够和平共处，让家里始终充满欢声笑语。遗憾的是，这样的想法只是幻想而已，甚至连梦想都算不上，因为，在有两个孩子的家庭里，父母根本不可能做到绝对的公平；退一步而言，就算父母真的做到绝对的公平，也会因为每个孩子的脾气秉性各不相同、感知能力相差迥异，使得他们对于父母的公平对待有完全不同的感受。

看到这里，一定有些妈妈感到很担忧和恐惧：难道我必须因此而陷入两个孩子的争执之中，每天都忙着为孩子们解决矛盾和纷争、平息怒气吗？当然不是。只要父母掌握了平衡亲子关系的技巧，且可以尽量控制好自己、不要随随便便介入亲子矛盾和冲突之中，孩子就会自己找到

平衡之道。因此，二孩妈妈一定要作好心理准备，那就是随着二孩的出生，两个孩子之间的嫉妒战争也开始打响。

通常情况下，兄弟姐妹之间的嫉妒战争要经历以下几个阶段：第一个阶段，面对老大的愤愤不平，爸爸妈妈试图帮助老大寻求内心的平衡。例如，夜晚来临，老大噘起嘴巴妈妈说："妈妈，你总是抱着弟弟，从来不会抱着我。"妈妈感到很委屈："你这个孩子，我白天不才刚刚带着你去游乐场玩么，还吃了必胜客，弟弟可是一直留在家里。你和弟弟相差很大，妈妈爱你和弟弟的方式不同，仔细想起来，你得到妈妈的爱更多呢！"这个理由听上去冠冕堂皇，但是并不能帮助哥哥平衡内心，他依然噘着嘴巴说："那你也只抱着弟弟，没有抱着我。"第二个阶段，父母在了解孩子的嫉妒心理之后，开始认识到一味地劝说老大、以图令其获得心理平衡不可取，因而干脆认可老大的情绪。当老大抱怨父母没有抱着他的时候，妈妈可以对老大说："乖宝贝，来吧，妈妈抱你一会儿。你知道，弟弟还小，就像你小时候一样，需要爸爸妈妈无微不至的照顾。你已经长大了，可以让妈妈少抱你一会儿，分出一些时间和精力来照顾弟弟吗？"这样示弱和求助的态度，反而更容易让妈妈获得老大的支持和帮助。第三个阶段，随着弟弟渐渐长大，弟弟也加入争夺妈妈的战争，在懵懂不知事的年纪，弟弟甚至不允许妈妈亲近哥哥。在这种情况下，妈妈要引导弟弟认识到一个事实，那就是妈妈是哥哥和弟弟两个人的妈妈，哥哥和弟弟之间也要相亲相爱。直到最后一个阶段，父母才会意识到，与其采取抗争的姿态与嫉妒对抗，不如顺其自然，接受孩子彼此之间的嫉妒。随着时间的流逝，他们真正长大成人，必然感受到手足情深，嫉妒也会烟消云散。

父母千万不能因为孩子彼此嫉妒就失去平静的心情,在能保证孩子安全的情况下,不妨任由嫉妒存在,因为嫉妒本身无法破坏手足之情、亲子之情。当对待嫉妒的心情放松下来,全家人都会觉得心情愉悦,再也不会因为嫉妒而发狂和歇斯底里。

学会爱孩子,妈妈不亏欠

曾经有心理学家指出,大多数父母对于第一个孩子都是非常看重的,为此,他们往往会在第一个孩子身上投入所有的时间和精力,也付出所有的爱与深情。对于第一个孩子,哪怕有小小的风吹草动,父母都会非常紧张,他们只想给孩子最好的,而不能容忍自己对孩子的任何忽视和闪失。在这种心态的影响下,等到老二到来,爸爸妈妈虽然也满怀希望和憧憬,也对于新生命感到新鲜,却再也难以像对待老大那样对待老二。生养老二的时候,父母因为有了经验,内心不觉得紧张,所以对于老二的很多状况也完全怀着轻松的态度。举个例子而言,老大小时候感冒,父母一定紧张地带着孩子连夜奔赴医院,对于老大入口的食物也总是查阅各种资料和参考书。而等到老二感冒,父母有了经验,在家里给孩子吃点儿药即可,对于老二吃什么喝什么,父母也不特别重视。这便是重视老大、忽视老二的父母的心态。

有些父母则恰恰相反,也许是因为生养老大的时候还处于懵懂无知的状态,不知道如何疼爱和照顾孩子,所以,在稀里糊涂之中,老大就长大了。但是,等到有了老二的时候,父母都年长了一些,也知道了

第01章 二胎时代来临，你作好充分准备了吗

该如何照顾和疼爱孩子，所以，对于抚养老大过程中留下的遗憾，他们会在抚养老二的过程中全部进行弥补。也因为老二娇滴滴的，是个肥白可爱的婴儿，所以父母情不自禁疼爱老二更多，无形中就疏离了老大。在有些家庭里，父母甚至因为老二的出生而与老大变得疏远，彼此之间就像产生了隔阂。不得不说，这样对待老大的确是不公平的。老大出生的时候，独享父母的爱，因而老二的出生分享了老大曾经得到的爱。而对于老二而言，他一出生就有老大存在，所以他理所当然地与老大分享爱，心理上并不会有落差。因此，当老二出生后，父母要更关注老大，才能平衡老大的内心，帮助老大接纳老二。

当然，如何平衡对于两个孩子的爱，对父母而言是一个难以解决的难题。通常情况下，老大与老二都会相差几岁，父母可以根据孩子成长的不同阶段，调整与孩子相处的方式，这样一来，就可以有的放矢地满足两个孩子的需求，也可以消除对于孩子的愧疚感。尤其是妈妈，平日里与孩子相处的机会更多，在孩子小时候，妈妈与孩子的感情也更加深刻。所以妈妈要平衡自己的内心，不要觉得对不起孩子，而应该努力地因人制宜，根据每个孩子不同的脾气秉性以及所处的人生阶段，给孩子区别对待。

老二出生之后，休完产假，妈妈就去上班了，而把老二交给保姆和奶奶带。每天早晨，妈妈起床之后急急忙忙洗漱，带着老大一起去上学，因为老大的学校距离妈妈的工作单位很近。下午放学后，妈妈还会把老大接到单位，让老大在单位里写作业。直到夜幕降临，妈妈才带着老大一起回家。

回到家里，妈妈又要忙着吃饭、洗漱，只有短暂的时间和老二相处。因为已经断奶，所以，即使在夜里，老二也是跟着保姆和奶奶睡。渐渐

地，妈妈觉得老二的出生似乎没有给自己的生活带来太多的改变，到了周末，妈妈也照常带着老大四处游玩。为此，妈妈觉得很内疚，常常自责：难怪老二和奶奶、保姆走得更亲近，我的确也太不像个妈妈了。

后来，老大渐渐长大，升入四年级之后，老大提出要独立上学和放学，而且周末的时候希望和同学一起出去玩或者看电影。这个时候，老二也已经三岁，妈妈这才把重心转移到老二身上。家里辞退了保姆，妈妈开始了上班的同时接送老二的生活，渐渐地，妈妈与老二的感情越来越深。至此，妈妈心中才感到释然：原来不是我对老二不好，是我现在才有机会和老二亲密相处，并在老二身上花费更多的时间和精力。

在这个事例中，原本妈妈因为自己没有花费更多的时间和精力用于照顾老二，所以对老二心怀愧疚。直到老大已经读小学四年级，妈妈才平衡好与老大老二的关系，在老大能够自理之后，妈妈把更多的时间和精力都用于照顾老二，从而弥补此前对于老二的亏欠。

父母与孩子相处，也是需要方式和技巧的。很多父母误以为自己生养了孩子就对孩子有绝对的主宰权。其实不然。孩子大概两岁前后，就开始萌生出自我意识，为此，他们越来越不愿意接受父母的安排，而开始作出自己的选择和决定。父母要尊重孩子的内心，改变对孩子无微不至的照顾方式，尽量以恰当的方式引导孩子。唯有如此，父母与孩子之间才能更融洽地相处。其实，不管是二孩妈妈，还是独生子女的妈妈，在孩子长大之后，其与孩子的关系都会变得疏远一些，这是为了给予孩子更多的独立空间，而不是与孩子感情淡漠的表现。对此，二孩妈妈也要放松心态，而不要过于紧张和焦虑。亲子关系的很多变化，都是随着孩子的成长出现的，对此父母完全可以从容面对并理性接纳。

第02章

二孩妈妈会遇到的问题,你想过吗

面对二孩浪潮的来袭,很多原本坚定不移不生二孩的妈妈,也变得犹豫不决起来。当然,是否生二孩,绝不能取决于父母一时之间的心情,这是一个需要慎重思考的重要问题。和一个孩子相比,有两个孩子的妈妈必然要面对更多的问题和烦恼,这是不可避免的。因此,二孩妈妈一定要作好心理准备,即使不能预先设想到问题的解决方案,也要保持从容心态,对于各种突然袭来的教养孩子的问题做到兵来将挡、水来土掩。

二孩来了，父母的爱会减半吗

通常情况下，人们不愿意要二孩的理由，无非是觉得养育二孩需要耗费大量的时间和精力，也觉得经济上无法承担。而有些人不要二孩的理由听起来很奇葩——有了二孩后，无法把爱平均分配。这样的理由听起来让人感到难以置信，实际上却阐述了二孩家庭中一个永恒的难题：如何把父母的爱平均分配给两个孩子。的确如此，这个世界上没有绝对的公平，二孩父母注定无法对孩子平分爱。

不得不说，当我们想要给孩子们平分爱的时候，就意味着我们已经陷入了一个误区，作为父母，我们不妨扪心自问：爱是什么？爱真的是可以平分的吗？爱是父母心中对于生命降临的悸动，是父母对于懵懂无知的孩子付出的心血和精力，也是干渴的心灵可以获得滋养的源泉。爱是无形的，不可以以具体的量化标准进行计算，这也就注定了爱是源源不断，取之不尽、用之不竭的。作为父母，我们与其绞尽脑汁想要为孩子平分爱，不如想一想如何给孩子最需要的爱。每个孩子对于爱的需求是不同的，也许此刻一个孩子需要父母的怀抱，而另一个孩子只想快乐地玩耍。所以，父母不要试图平分爱，而要认识到爱的本质是共享，并非平分。

当然，在亲子相处的过程中，父母有的时候的确分身乏术。例如，

照顾两个孩子吃饭，必然要先喂一个孩子一口饭，再喂另外一个孩子一口饭，如此轮流，才能把两个孩子都照顾到。洗澡的时候，父母无法同时给两个孩子洗澡，自然也要有先后顺序。这样的先后，在亲子关系中是难以避免的，但是这并不意味着父母对于某个孩子的爱就多一些，而对于另一个孩子的爱就少一些。爱不是一种可以量化的物质，而是源源不断的心灵甘泉，可以滋养很多孩子。父母不要觉得多生一个孩子就会让另一个孩子得到的爱减半。也许另一个孩子得到父母的关照会减少，但是他与此同时也拥有了手足之爱。这对于孩子们而言，当然是至关重要的。

爱是一门艺术，是流淌自父母心底的生命之源泉，爱既不会减少，更不会减半。爱是一门艺术，当父母有意识地提升自己爱的能力，他们就会具备爱的力量，也可以爱的名义给予孩子最好的照顾。爱是一门艺术，随着孩子的增多，父母的爱也会成倍地增长，每一个为人父母者天生就懂得如何爱更多的孩子。记得在一部优秀的影片里，一个少数民族的母亲收养了很多孤儿，而自己只有一个孩子。面对那些嗷嗷待哺的生命，她以爱的艺术哺育和滋养每一个孩子，并没有更偏袒自己的孩子一些。爱就是这样的艺术，那么高贵，那么纯粹。

作为父母，我们要深谙爱的艺术，也要在多了一个孩子之后，能够做到把爱的光辉洒满整个家庭，让每个孩子都沐浴着爱的光辉，自由自在地生活，享受生命的喜悦。父母还需要注意的是，面对年幼的孩子，为了帮助孩子建立安全感，父母一定要学会对孩子表达爱。细心的父母会发现，孩子天生就是爱的使者，他们总是对父母表达爱，并丝毫不觉得害羞，更不因此而掩饰自己内心的真情实感。对于父母而言，也要向

孩子学习，勇敢地向孩子表达爱，不要因为把爱说出口而就感到羞愧。爱不但是艺术，还是阳光，是整个家庭中璀璨夺目的太阳！

当妈妈被两个孩子同时需要时

从心理学的角度而言，随着老二的出生，老大会产生行为倒退现象，甚至做出完全低于他年龄阶段和身心发展特点的事情。难道是因为受到老二的感染，老大所以才会降低自己言行举止的标准吗？的确，老二的行为会影响老大，尤其是在父母对于老二表现出过多的关注时，老大更是会情不自禁让自己表现出和老二相同的样子，而本质的目的就在于同样得到父母的关注。

对于二孩妈妈而言，常常面临被两个孩子同时需要的尴尬。老大原本已经长大了，不再需要妈妈的怀抱，但是，当看到妈妈整日抱着老二、与老二亲昵时，老大也忍不住向妈妈求抱抱，甚至黏在妈妈的怀抱里不愿意离开。这是为什么呢？归根结底，是老大的嫉妒情绪在作怪。嫉妒是人的本能，每个人都会产生嫉妒的情绪。对于老大而言，老二的出现给他的生活带来了很大的改变，甚至具有划时代的意义。在这个特殊的阶段里，全家人原本按部就班的生活被打乱，老大虽然还很小，心智不够成熟，但是也会意识到父母对于他的态度发生了改变。由此一来，老大便会在无形中把各种改变都归咎于老二的出现，尤其是在看到父母情不自禁地亲近老二的时候，他就会产生嫉妒心理和强烈的不安全感。不难想象，父母作为施予爱的人，对于老二的到来尚且有很多担

心，老大作为接受爱的人，自然会对父母的爱有更多的关注和敏锐的感觉。老大急需验证自己在父母心目中的地位，也要确信父母对于他的爱不会减少，为此，他就会和老二一样需要父母多多亲昵他，甚至带着挑衅的意味向父母求抱抱、求爱爱。

当老二尚在襁褓之中时，父母很容易满足老大的情感需求，在保证老二吃饱喝足的情况下，给予老大更多的关照和爱护。然而，随着老二逐渐长大，他也会有亲近父母的需求，甚至萌生出与老大抢夺妈妈的想法。在这种情况下，如果老大和老二一起哭喊着让妈妈抱着他们，或者让妈妈必须陪伴他们睡觉，妈妈分身乏术，一定会在孩子的哭闹声中感到头疼欲裂，而又无可奈何。

有三天的时间，爸爸要出差，正巧保姆也因为家里老人生病而临时请假，为此，妈妈不得不依靠自己应付家里的两个孩子。老大五岁，老二三岁，白天的时间尚且好过，妈妈只需要邀请几个同小区的小朋友来家里玩耍，任由孩子们闹翻天，他们就不会过分哭闹。但是到了晚上，孩子们都回家了，家里只剩下大小两个混世魔王，妈妈在做完晚饭给孩子们吃之后，简直已经精疲力尽，恨不得用牙签撑住不断打架的眼皮。

正当此时，老二来找妈妈抱抱，老大也找到妈妈求抱抱，正当妈妈感到为难、不知道到底应该抱起谁的时候，他们居然打了起来。无奈之下，妈妈躲到小卧室里，任由两个孩子打得天翻地覆，全都哭得稀里哗啦，妈妈就是不出声，也不来当裁判官。打着打着，两个孩子都意识到妈妈不见了，为此他们赶紧四处寻找妈妈。当看到妈妈在小卧室里睡得正香时，他们感到非常委屈，一瞬间完全忘了自己想要妈妈抱抱，而是乖乖地找到各自的小被子，也蜷缩在妈妈的脚边睡着了。假装睡着的妈

妈看着这一切，心中既觉得好笑，又心疼两个小家伙。不过，他们好歹安静下来了，妈妈也可以喘息片刻，恢复能量。

在两个孩子打得天翻地覆之时逃之夭夭，显然不是一个好办法。但是，对于妈妈而言，当感到心力交瘁、情绪濒临崩溃边缘的时候，与其因为控制不住情绪而把愤怒发泄到孩子身上，不如让自己安静片刻，调整好心态，这样至少可以以稍微好一些的状态面对孩子。当妈妈从来不是一件容易的事情，也没有必要在孩子面前伪装出坚强的模样。作为父母，你可以对孩子生气、发怒，也可以当着孩子的面伤心流泪，最重要的是要真实。

当被两个孩子同时需要的时候，如果妈妈有足够的能量，那么可以享受左拥右抱的快乐。但是如果妈妈照顾了孩子一整天，或者工作了一天、回到家里已经精疲力竭，此时又该如何是好呢？在这种情况下，如果勉强为自己鼓劲，让自己强颜欢笑面对孩子，不如尊重自己的内心，让自己找到一个安静的地方待一会儿，给自己快速充电，这尽管是一种逃跑的行为，也比对着孩子强颜欢笑或者勉为其难地应付两个孩子来得更好。

妈妈也是人，而不是神仙，更不会无所不能。妈妈必须最大限度地调整好心态，保持良好情绪，如此才能在面对孩子的时候保持精神愉悦，才能在与孩子相处的过程中呈现自身最真实的样子。随着孩子渐渐长大，他们会意识到妈妈也会感到疲惫和乏力，甚至会主动心疼和照顾妈妈，这对于妈妈来说，该有多么欣慰啊！没有人天生就会当妈妈，当妈妈是一个需要不断成长和持续进步的过程。对于妈妈来说，要有的放矢地帮助孩子健康快乐地成长，就要控制好自身的情绪，从而避免把无

名火撒到孩子身上。妈妈善于梳理自身的情绪，也会给孩子树立榜样，让孩子有意识地梳理自身的情绪，这对于孩子的成长是有很大好处的。

如何对待老大

老二出生之后，虽然妈妈不再是新手妈妈，对于很多事情也能做到心中有数或者心有成竹，但是妈妈的时间和精力毕竟是有限的，在照顾新生儿的同时，很难再有足够的力量去照顾老大。在这种情况下，如果老大不能让妈妈省心，妈妈就会忍不住简单粗暴地对待老大，甚至对老大声色俱厉，只为了快刀斩乱麻地解决问题。

很多二孩妈妈都发现，自己对待老二的时候往往一副慈眉善目的样子，而在对待老大时，就会像京剧里的变脸一样，变得面目狰狞。这是为什么呢？实际上，二孩妈妈之所以能在面对二孩哭闹的时候依然保持情绪平静，内心淡然，就是因为带养老大的经历给了她经验。有了带养老大的经历，妈妈相信二孩即使哭闹也会渐渐地恢复平静，所以能够真正做到心中有数。有的时候，遇到老二任性妄为，妈妈也可以耐心引导。但是，在妈妈可以借鉴养育老大的经验对待老二时，老大又出现了新的问题，而这些问题是妈妈从未经历过的。有些二孩妈妈生育老二的时候年纪比较大，老大甚至已经进入青春期。在这个关键时刻，妈妈不得不面对新生儿或者幼儿，还要面对进入青春期的老大，往往会感到内心崩溃而又抓狂。老大就像是妈妈的一次演习，而老二就像是妈妈在胸有成竹之后正式参加考试，对于妈妈而言，这样的两种应对是截然不

同的。

自从妹妹甜甜出生之后,乐乐经常被妈妈吼叫和训斥。这是为什么呢?乐乐比甜甜大七岁半,甜甜出生的那一年,乐乐正好读一年级。甜甜出生之后,妈妈对于乐乐的态度明显变得不一样,原本对乐乐还算有耐心的妈妈,再也没有耐心辅导乐乐写作业。有的时候,妈妈偶尔抽查乐乐的作业,发现作业本上写得乱七八糟时,甚至会忍不住把书本摔到乐乐的头上。

随着两人渐渐长大,乐乐和妹妹之间的矛盾也越来越多。有段时间,甜甜特别喜欢去乐乐的房间里探险,把各种她认为好玩的东西都拿走。为此,乐乐不得不把门锁上。妈妈提醒乐乐:"乐乐,不要把钥匙拔下来。"但是,乐乐没有听从妈妈的建议。结果,一天午后,两岁的甜甜去了乐乐房间之后,不小心把自己反锁在房间里。甜甜意识到危险,撕心裂肺地哭起来,乐乐也很愧疚地看着妈妈。正值假期,爸爸赶紧去大街上四处寻找,好不容易才找到一个开锁的工匠把房间的锁打开。为此,妈妈狠狠批评了乐乐一通,乐乐知道自己错了,一声不吭,接受妈妈的批评。

对于老大在成长过程中无意间给老二造成的伤害,很多父母都非常抓狂,尤其是像事例中乐乐妈妈已经提醒过乐乐不要拔掉钥匙这样的情况,更会令父母怒火中烧。实际上,妈妈忽略了一个事实,那就是乐乐也还是一个小孩子,也想要保护自己的合法权益。妈妈要理解老大,因为妈妈既不允许老大伤害老二,也不能有效地限制老二,所以老大只能自己想办法解决问题。当然,在发生这样的危险情况之后,相信老二会主动反思错误,并积极主动地改变自己的行为,从而避免同样的危险再

次发生。

很多妈妈都无法解释清楚为何自己对于老二的态度和对老大的态度截然不同,也许,这正是妈妈有了养育老大的经验之后进步和成长的表现。有了养育老大的经验,妈妈变得更加成熟,在遇到与老大成长过程中相似的问题时,妈妈往往可以坦然面对。当然,作为妈妈,我们也要意识到,正是老大的成长,才带给我们更多的进步,所以妈妈要真心地感谢老大,也要与老大共同进步、一起成长。

为何妹妹比哥哥强

在很多二胎家庭里,都是哥哥和妹妹的组合。按道理而言,这样的组合是很好的组合,哥哥可以保护妹妹,妹妹则可以小鸟依人,接受哥哥的照顾。然而,现实情况是,很多妹妹都非常强悍,喜欢欺负哥哥,完全就是家里的小霸主。而哥哥呢,则性格软弱,总是被妹妹欺负,除了找父母告状,对于妹妹的霸道表现毫无办法。

若父母介入兄妹的矛盾之中,训斥或者惩罚妹妹,只能起到暂时的效果,甚至完全起不到任何效果。从此,妹妹变本加厉,哥哥则更为温柔胆怯,这种兄妹相处模式实在难称理想。其实,每个孩子都有自己的脾气秉性,尽管在人们的传统观念中,男性更为强壮,而女孩则相对柔软。其实不然。正如一首歌里所唱的那样,谁说女子不如男。在兄妹相处模式中,我们也要说,谁说妹妹比哥哥弱。作为父母,我们要了解孩子的脾气秉性,要适当地引导孩子。例如,当妹妹总是欺负哥哥的时

候，父母可以教会身强体壮的哥哥如何保护好自己。这里尤其需要注意的是，很多父母总是特别照顾年纪小的孩子，而要求老大必须让着弟弟妹妹，其实这是不公平的。若老二总是得到父母的支持，他们渐渐地就会越来越骄纵跋扈。父母在保证妹妹安全的情况下，可以允许哥哥按照自己的方式去与妹妹相处，也要允许哥哥在受到欺负的时候作出反抗。这样一来，妹妹也许会被哥哥批评和训斥，但是这比父母的反复说教效果更好，父母会惊奇地发现：当妹妹被哥哥惩罚几次之后，就会老实得多，也会收敛自己，与哥哥和谐融洽地相处。总而言之，只要父母不为妹妹撑腰，不纵容妹妹欺负哥哥，妹妹总会有所收敛，妹妹欺负哥哥的情况也会很快结束。

虽然甜甜比哥哥小七岁半呢，但是三岁多之后，甜甜明显表现出欺负哥哥的倾向。例如，甜甜不管看到哥哥拿着什么玩具，都会不由分说，上去就和哥哥要，如果哥哥不给她，她还会对着哥哥大喊大叫，甚至撕打哥哥。对于甜甜的表现，哥哥不堪其扰，也几次三番对妈妈提出意见，妈妈却总是说："乐乐，你是哥哥，要让着妹妹啊，给她玩一会儿，她很快就不玩了。"就这样，甜甜变得越来越骄纵，乐乐却始终被欺负。

有一天，乐乐参加学校里的跳蚤市场，用一本书和同学交换回来一辆玩具汽车。乐乐很喜欢这辆汽车，回到家后一直拿着汽车玩，没想到，甜甜看到汽车之后，当即去抢夺汽车。这一次，乐乐还没玩够汽车呢，不想让给甜甜玩。为此，乐乐和甜甜抢夺起来。甜甜抢不过哥哥，就来找妈妈告状："妈妈，哥哥不给我汽车。"正巧爸爸在家，他对甜甜说："甜甜，那是谁的汽车？"甜甜想了想，不情愿地回答："哥哥

的。"爸爸说："既然是哥哥的汽车，你要经过哥哥的同意才能玩。如果哥哥不同意，你不可以抢夺。"甜甜很生气，当即又冲着爸爸喊起来："坏爸爸，我不喜欢你啦！"说完，甜甜又去和哥哥抢夺汽车。这一次，在爸爸的阻止下，妈妈没能去帮助甜甜，最终甜甜被乐乐推得一屁股坐在地上，哇哇大哭。爸爸对甜甜说："甜甜，你要经过哥哥的同意，才能玩汽车。你问问哥哥，等他玩过汽车，是否可以给你玩一会儿。"乐乐正在气头上呢，即便爸爸教甜甜友好地问，乐乐也没有同意。爸爸无奈地对甜甜说："哥哥不同意，你不能玩。"

后来，爸爸慎重地和妈妈沟通："我已经告诉乐乐，和妹妹争执或者打架的时候，要注意保护妹妹的安全，所以，以后他们再有问题，你不要随便介入，而要让他们自己解决。甜甜的脾气这么倔强，也是时候该吃点儿苦头了。"妈妈虽然心疼甜甜，但是也意识到爸爸说得有道理，因而只得同意。

在这个事例中，甜甜之所以总是欺负哥哥乐乐，是因为她性格倔强，也是因为她总是能够得到妈妈的援助。孩子都是欺软怕硬的，当欺负哥哥成为甜甜的一种习惯，它就很难改变，所以爸爸说得很有道理，就是要让乐乐和甜甜在没有父母介入的情况下解决问题，这样才能让甜甜见识到哥哥的厉害，之后可以有所收敛，学会友好地与乐乐相处。

很多父母在发现妹妹性格强势、哥哥性格软弱的时候，都会担心哥哥在长大成人之后依然性格软弱。实际上，父母的担心完全是多余的，每个人都有自己的脾气秉性，父母要接纳孩子最本真的面目，而不要把自己的期望随随便便地强加在孩子身上。孩子尽管因着父母来到这个世界上，却不是父母的附属品，更不是父母的私有物，他们有自己的性格，也有自己的志向和兴趣，他们最终会拥有属于自己的人生。

二孩妈妈如何照顾家庭

很久以前的职场上是有性别歧视的，那个时候，很多企业在招聘人才的时候明文规定，只要男性，不要女性。现代社会，虽然不允许企业招聘的时候歧视女性，但是依然有很多岗位暗示应聘者最好是男性。这是为什么呢？从体能的角度而言，女性的身体素质和力量都不如男性；从家庭的角度而言，很多女孩一旦结婚生子，工作就会受到影响。正因为如此，企业才喜欢聘用男性作为员工，因为男性受到家庭生活的影响比较小，而且身体素质相对强壮。面对这样的社会现实，二孩妈妈如何才能兼顾家庭与事业呢？

不可否认，生养孩子，对于妈妈的影响比对爸爸的影响更大。而如何在家庭与事业之间作出抉择，这取决于妈妈的人生观、价值观。有些女性朋友天生就是工作狂，她们甚至不愿意结婚，更别说要孩子，这样的工作狂女性，当然不在这里的讨论范围内。还有些女性朋友比较重感情，不管什么时候都以家庭为重，所以心甘情愿为孩子付出，为照顾家庭牺牲事业。这样的选择，并不意味着全职妈妈对于这个家的贡献没有爸爸高，反而恰恰说明妈妈为家庭牺牲更多。相比起爸爸挣钱养家，妈妈辛苦地照顾家庭、抚育孩子，成就更大。

老大五岁的时候，妈妈不小心怀上了老二。对于老二的去留问题，

全家人都进行了慎重的思考，也开了好几次家庭会议进行讨论。因为爸爸妈妈都是独生子女，所以两边的老人都是强烈要求妈妈生下老二的。考虑到孩子的抚养问题，爸爸妈妈也进行了慎重的思考。虽然爷爷奶奶、姥爷姥姥都强烈支持生老二，但是四个老人的身体都不好，奶奶还有脑溢血后遗症，自理都很困难。因而爸爸对妈妈说："老婆，如果决定要老二，我是没有问题的，我一定努力工作赚钱，给你和孩子更好的生活，但是你会很辛苦——你要辞掉工作回归家庭，这样才能照顾两个孩子。不过你放心，我永远记得你为这个家的付出，不会因为你没有工作就觉得你对家庭没有贡献；相反，在我心里，你是我们家的头号功臣。"爸爸的话让妈妈热泪盈眶，妈妈说："虽然我马上就要升职了，但是我真的不想就这样放弃这个不期而至的小生命，他是命运赐予我们的礼物。把他带到这个世界上，我无怨无悔。"就这样，爸爸妈妈协商一致，妈妈辞职养身体，爸爸全力以赴去工作。

几个月之后，一个健康活泼的小生命降临人世，给全家人都带来了欣喜和快乐。妈妈一个人照顾两个孩子，偶尔老人身体不舒服，妈妈还要带着孩子去伺候老人，非常辛苦。但是，看着老二一天天长大，和老大相亲相爱，妈妈觉得欣慰极了。

决心迎接一个孩子的到来，绝不是个容易的决定，因为孩子的到来不仅关系到经济方面的压力，也关系到整个家庭结构的调整。父母在迎接老二的到来之前要作好各个方面的准备，尤其是妈妈，作为新生命的承载者，更是要以对孩子和整个家庭的热爱，在家庭与工作之间作出理智的决定。

在独生子女的家庭里，很多父母都把孩子托付给老人照管，而在二孩时代全面来临时，仅仅依靠老人照顾孩子不再可行，因为老人身体大不如前，而且教育观念不够先进，乃至处理两个孩子之间的关系时很容易陷入误区。所以，爸爸妈妈只能通过协商，留下一个人照顾家庭，而让另一个人全力以赴去工作。

从心理学的角度而言，孩子在小时候与父母之间建立的亲密依恋关系，对于孩子未来的成长有很大的影响作用。父母在孩子小时候应尽量多陪伴孩子，帮助孩子快乐成长，而且，这种合理的分工有助于经营好夫妻关系，可谓一举数得。在陪伴孩子的过程中，很多妈妈担心自己会与社会脱轨，实际上陪伴孩子也是一种学习和成长，有心的妈妈可以在此过程中不断进步，重要的是以怎样的心态面对和接纳这一切。

独生子女父母如何迎接二孩潮流

独生子女政策推行了三十多年，在此期间，曾经作为第一代独生子女的那些孩子，已经长大成人，组建家庭，为人父母。作为独生子女父母，他们已经习惯了在独生子女家庭中成长，也理所当然地认为他们的子女也应该是独生子女。然而，从2016年起，政府开始提倡生两个孩子，如此一来，别说作为独生子女的孩子们无法接受再多一个兄弟姐妹，就是作为独生子女的父母们，也很难想象自己要多生一个孩子会是什么情况。

不得不说，和那些非独生子女的父母相比，本身就是独生子女的父母在面对二孩时代的到来时，一定会有更多的烦恼和困惑。他们不知道孩子能否接受弟弟或者妹妹，也担心自己无法把爱倾注到两个宝宝身上，还担心兄弟姐妹之间相处不好会给孩子带来消极的影响。不得不说，这些担心都是因为父母本身是独生子女才会出现的，对于他们来说，重要的不是如何做通孩子的工作，而是如何迈过自己心里的坎。

独生子女父母从小习惯了三口之家的生活，长大成人之后自己的家庭也是三口之家。为此，他们对于陌生的四口之家心怀恐惧，完全不知道应该如何经营。尤其是对于妈妈而言，生育二孩对于妈妈的冲击力最大，也需要妈妈承受更多繁重的家庭事务，但是偏偏妈妈对此毫无经验，也没有心理准备。其实，在两代独生子女的家庭里，面对即将到来的二孩，紧张的不仅是爸爸妈妈，还有姥爷姥姥和爷爷奶奶。作为长辈，他们同样没有处理两个孩子之间关系的经验，因而他们对于二孩的到来也感到精神紧张、担忧焦虑。然而，二孩的到来对于整个家庭而言终究是一件好事情，可以让孩子感受到手足亲情，让长辈有更多的儿孙环绕膝旁，让父母学会协调两个孩子之间的关系，给最爱的孩子一生的陪伴，这些想想就让人感到兴奋和欣慰，不是吗？

所谓既来之则安之，与其在二孩没有到来之前就陷入深深的焦虑之中无法自拔，不如有的放矢地调整好心态，整理好思绪，做到兵来将挡、水来土掩，坦然以对，这才是最重要的。没有人天生就会做什么，父母这项伟大的工作在正式上岗之前更是没有接受培训的机会。因此，父母作好基本的心理准备之后，就可以随机应变，并随着孩子的成长不断调整对待孩子的策略，这样才能顺应事情的发展局势，跟随形式的改变，不断地努力进取，获得成长。

第 03 章

二宝出生前，怎样作好大宝的心理干预

在整个家庭中，二宝降生对于妈妈的影响最大，而对于大宝的影响则最为深远。大宝从独享父母所有的爱，到与二宝分享父母的爱，从一个人孤零零地长大，到在二宝的陪伴下长大，对于大宝而言，他的人生将彻底改变。从陪伴的角度来说，父母终究要老去，父母即使再爱孩子，也不可能陪伴孩子一辈子。而兄弟姐妹则不同，兄弟姐妹之间可以做到长久地陪伴，也可以在遇到人生困境的时候彼此扶持和帮助，从而相依相伴。为此，在准备迎接二宝到来的时候，父母一定要注重对于大宝的心理建设，让大宝欢迎二宝的到来，并对二宝充满真挚的爱。

当大宝拒绝父母生二孩

　　记得在二胎政策刚刚放开的时候，有这样一则新闻：一个已经四十岁的妈妈，以高龄冒着风险怀上了二胎。原本，妈妈的初衷是让唯一的女儿有兄弟姐妹的陪伴，让女儿在父母离开人世之后也依然能够有手足深情。然而，让父母万万没有想到的是，女儿在得知母亲怀孕即将生育二胎之后，当即大发雷霆，拼死相逼，绝对不同意妈妈再生一个孩子。原本，妈妈想要给予女儿一个惊喜，如今却变成了惊吓，在女儿割腕自杀未遂之后，已经怀孕四个月的妈妈选择舍弃二孩。这样的身心伤害，是妈妈始料不及的，也给妈妈带来了沉重的打击。

　　为何很多大宝都不愿意让妈妈生养二孩呢？有人说是因为大宝太自私，所以不愿意有人分享父母对自己的爱；也有人说是因为大宝还不懂事，不知道兄弟姐妹意味着什么，所以不知道兄弟姐妹是父母赠予自己的一份珍贵礼物。不管是因为什么，大宝拒绝父母生二宝的现实是不可改变的，很多父母也正是因为没有得到大宝的同意，才遗憾地放弃了生二孩的计划和想法。

　　萌萌已经读初中了，不过她的爸爸妈妈还很年轻，才刚刚四十岁。原本，爸爸妈妈都是双职工，不敢违反计划生育和独生子女政策，所以始终都只有萌萌一个孩子。然而，自从二胎政策放开，爸爸妈妈都怦然心动，不约而同想趁这个机会再要一个孩子。为此，爸爸妈妈慎重商量之后，把这件事情告诉了萌萌。

原本，爸爸妈妈以为萌萌会很高兴，因为萌萌平日里看到亲戚家里的小孩子都很喜欢。但是让爸爸妈妈大为惊讶的是，萌萌听说这个消息后，马上大发雷霆，甚至对爸爸妈妈怒吼："不许生，生出来我就把他掐死，扔到垃圾桶里。"妈妈震惊得张大了嘴："萌萌，你已经是大孩子了，为何这么不讲道理啊！生养几个孩子是爸爸妈妈的权利，爸爸妈妈是因为尊重你才告诉你的，你不觉得辜负了爸爸妈妈的尊重和信任吗？"萌萌还是不依不饶："不许就是不许，任何时候都不许。要是你们真的生了，我就去跳楼，反正我不同意家里再多一个孩子。"因为萌萌激烈的态度，爸爸妈妈只好搁置了生二孩的计划。虽然他们一直坚持做萌萌的工作，但是萌萌就是不愿意妥协。几年过去，妈妈都已经四十好几了，只能彻底放弃生二孩的计划。

细心的父母会发现，针对是否生二孩的问题，小学生、初中生，大多数都持反对的态度，但是幼儿园里的孩子们往往持积极的态度，他们很愿意让父母再生一个小弟弟或者小妹妹，这样就可以和他们做伴了。为何孩子越大，越是抵触生二孩呢？从心理学的角度而言，年纪偏大的孩子已经在长时间里习惯了独享父母的爱，他们更加理性地计较，也知道父母多生一个孩子对于他们而言就意味着必须分享。相反，幼儿园里的孩子们心思很单纯，他们不喜欢孤独寂寞的童年，所以很想拥有一个弟弟或妹妹，这样就可以在陪伴之中度过幸福的童年。

此外，年纪相对大一些的孩子，他们所处的同龄人群体之中，绝大部分孩子都是独生子女，如果唯独他们突然多出一个比自己小十几岁的弟弟或妹妹，这会导致他们压力山大，也会使得他们遭受来自同龄人的非议和压力。所以，他们为了维护自己的权利和利益，只能奋起反抗父母生二孩的决定，把父母生育二孩的想法扼杀在摇篮里。相比起年长的孩子，年幼的孩子们的同龄群体之中，有很多孩子都已经有了弟弟妹妹，他们非但不会排斥和抗拒弟弟妹妹，反而会把弟弟妹妹作为炫耀的资本，这也使得他们常常向别人自豪地宣称"我有一个小弟弟"或者"我有一个小妹妹"。孩子的模仿性很强，当看到身边的大多数同龄人都有了弟弟妹妹，他们也会情不自禁想要拥有弟弟妹妹。为此，父母给幼龄期的大宝进行心理建设会容易得多。

其实，对于已经在孕育二宝的家庭而言，父母一定要学会避重就轻。简而言之，就是父母要避免刻意征求大宝的意见，就像文章开头事例中所讲的那样，如果父母不刻意征求孩子的意见，避免引起孩子的过度重视，反而会让问题更容易解决。简而言之，父母可以对孩子说："宝贝，你即将有个弟弟或者妹妹，你更喜欢弟弟还是妹妹呢？"这种引导性的问题，可以把孩子对于是否接受二孩转化为想要弟弟或者妹妹，如此，大宝就不会慎重思考是否要二孩，而是会思考到底是小妹妹还是小弟弟能与自己更友好地相处。由此可见，对于父母而言，要想让大宝接受二宝，在沟通的时候就要讲究方式和技巧，而不要总是生硬地询问，更不要引导大宝朝着错误的方向去思考问题。

还有一些亲朋好友总是调侃大宝，告诉大宝"有了弟弟/妹妹，妈妈就不喜欢你了"，殊不知，成人以为的无关紧要的玩笑，对于心智发育还不够成熟的孩子来说，根本不能正确理解，很容易信以为真。这样一来，就会给整个家庭迎接二宝的到来造成困扰。所以，父母在决定要二宝的时候，还要注意屏蔽这些不良信息，这样才能让大宝对于二宝的到来满怀憧憬。当然，父母也不要把大宝不满的情绪故意放大，要知道，大宝对于二宝的到来心有不满完全属于正常现象，父母要顺其自然，等待大宝接受，而不要强求大宝一定要对二宝的到来欢欣鼓舞。退一步而言，即使真的遭到大宝的强烈反对，父母也要想办法修正大宝的错误观念和思想，而不要轻易对大宝妥协。人生的道路漫长，不如意是生活的常态，如果大宝对于手足的到来尚且怀着这样誓死不从的态度，那么当他在人生过程中遇到各种难以征服和解决的难题时，又该怎样面对呢？所以说，二宝的到来，不但让父母成长，也让大宝成长，对于整个家庭而言都是一次质的飞越和进步！

生二孩，是否需要经过大宝同意

前几年，网络上流传着一个视频。视频里，有个男孩面对父母提出的"生育二孩的请求"，居然扬言"你要敢生我就敢死"。看到这样的视频，没有人对男孩的勇气表示赞赏，人们只感到阵阵心寒：孩子这是怎么了，难道连容忍手足的度量和胸怀都没有吗？可想而知，这样的孩子已经习惯了以自我为中心，甚至误以为整个宇宙都要围绕着他们旋转。即使父母暂时妥协，等到孩子长大成人面对这个世界时，他们如何能与身边的人建立和维护良好的关系，如何能够真正融入生活之中、与他人积极地相处呢？

不可否认，现代社会，人际关系的重要性已经被提升到前所未有的高度，每个人要想在社会上生存，就要拥有人际交往的能力，也要拥有丰富的人脉资源。且不说大宝不接纳二宝的到来这种行为正确与否，仅从孩子心理健康的角度考虑，大宝这种心理状态就很值得忧虑。常言道，人生不如意十之八九，每个人在人生的道路上都会遇到各种坎坷困境，尤其是对于孩子来说，在成长的道路中更是有可能遭遇各种磨难与挫折，哪怕是蜜罐中长大的孩子，父母也不可能庇护他一辈子，所以，父母一定要引导孩子学会接受挫折。从这个角度而言，父母无须征求大宝的意见，但可以引导大宝消化不良情绪，使其更加积极地迎接二宝的到来。

从本质上来说，生育几个孩子是父母的权利和自由，只要符合国家政策，就没有人可以干涉。虽然孩子是家庭成员，但是，同样身为父母的孩子，他们是没有资格决定兄弟姐妹的命运的。父母生育大宝的时候，无须征求任何人的意见，更没有征求大宝的意见，所以，在生育二宝的时候，也不需要征求任何人的意见，更不需要征求大宝的意见。既然如此，为何还有那么多想要生育二宝的家庭面临着进退两难的困境呢？究其根本，是因为父母本身对于生二孩的态度就不坚定，他们不确定自己是否要再生一个孩子，所以就把这个难题抛给大宝，还美其名曰让孩子参与决策家庭大事，提升孩子的小主人翁意识。不得不说，父母把问题抛给大宝容易，要想和大宝达成一致、共同作出明智的决定，却很难。

尤其是那些二宝已经来报到的家庭，如果父母再不合时宜地征求大宝的意见，只会造成更多麻烦。二宝哪怕只是一个小小的胚胎，也是活生生的生命，对于尚且没有成年的大宝而言，他们能够承担起这样重

要的决策责任吗？当然不能。很多父母对于生育二宝的态度原本就不端正，就像做贼心虚一般，甚至刻意回避大宝，不与其讨论关于二宝的问题。这样一来，大宝怎么可能水到渠成地接受二宝呢？孩子很容易受到父母的影响，如果父母对于二宝的到来安之若素，也觉得理所当然，那么，大宝即使心生不悦，也不会以那么强烈的态度反对。从这个意义上而言，大宝对于二宝的激烈态度，实际上是父母处理不当导致的。只要父母端正心态，以正确的方式引导大宝，大宝就可以顺其自然地接受二宝，甚至憧憬二宝的到来。

父母千万不要觉得有了二宝后大宝从父母那里得到的爱就会减半；也不要觉得有了二宝后大宝将来从父母那里继承的遗产就会缩水。父母要意识到，二宝的到来，是给大宝最好的礼物，当父母因为年迈而离开这个世界时，大宝的身边至少还有二宝不离不弃地陪伴。这样的亲情，是任何感情都无法取代的。把二宝作为礼物送给大宝，让大宝欣然接受，这岂不是很好吗？

当然，整个家庭在面对二宝的到来时，会产生各种各样的情绪，有欣喜，有无奈，有抗拒，有反对……对于这些形形色色的情绪，父母首先要做到能够接纳自己的情绪，且能够认可和接纳孩子的情绪。父母只有成为情绪的主宰，才能引导并及时疏通孩子的情绪河流。所以，父母的态度很重要。父母先端正态度，才能正确引导孩子，全家人才会沉浸在二宝到来的喜悦中，积极地作好迎接二宝的准备。

老大到底应该什么样

在传统教育经验的影响下，父母或者其他的长辈在协调孩子们之间的纠纷时，最喜欢说的一句话就是："你是哥哥/姐姐，应该让着弟弟/妹妹。"看到这样的陈述句，或者说不算劝人方法的劝人方法，我们曾经觉得理所当然，因为我们小时候也曾经被父母或者长辈这样规劝过，或者是因为这样的劝说而享受到哥哥姐姐的谦让。但是，现在再来看这句话，已经作为父母的我们难道不应该反思吗？谁说哥哥姐姐就应该让着弟弟妹妹呢？谁规定哥哥姐姐因为虚长了几岁就一定要吃亏呢？走到社会中之后，我们还能当老大吗？或者，作为老幺的我们，还能得到他人这样的谦让吗？答案当然是否定的，年纪大小不能成为制定孩子们之间相处的秩序规则的依据，否则，不但对于老大不公平，对于老二成长也没有好处。

除了要求老大谦让之外，还有很多父母要求老大必须有老大的样子。那么，老大应该是什么样子呢？这似乎也没有一定的标准。在传统的教育观念中，长兄如父，但是在现代教育观念中，每个孩子都应该有自己的童年，没有人有权利剥夺孩子享受童年的权利。此外，以往很多家庭里子女众多，父母应接不暇，往往需要大一点的孩子带着小一点的孩子。为此，在传统的家庭里，长子是全家除了父母之外最有权威的人物。然而，长子也因此失去了童年。相比之下，现代社会的孩子则幸福得多，大多数家庭里只有一个孩子，近些年才有越来越多的家庭里有两个孩子，为此，每个孩子都是父母的心肝宝贝和掌上明珠，尤其是老大，往往会因为是父母的第一个孩子而得到父母加倍的重视和爱。在这种情况下，老大不再是照看老二的兼职代理人，基本可以尽情地、无忧无虑地享受自己的童年。

即便如此，在许多有两个孩子的家庭里，老大仍旧会被父母更严格地要求。很多父母都认为老大理应为弟弟妹妹做出积极的榜样，所以他们坚持要求老大对自己高标准严要求，且要把老大塑造成一个杰出的榜样。为此，对于二孩妈妈而言，有一个问题也就不可避免地要去思考：作为老大，大宝如何对二宝起到积极的影响作用？有的时候，若老大不能给老二树立积极的榜样，妈妈还会心生抱怨，甚至对老大气急败坏，或者故意当着老二的面训斥老大，从而起到杀鸡给猴看的作用。不得不说，这对老大是很不公平的。

怎样才是老大应该有的样子？每个父母对于孩子的成长期望值不同，所以他们脑海里的老大的理想模样也不同。若父母想要在教育子女的过程中偷懒，若父母理性地认识到老大也只是一个孩子，他们就会允许老大犯错误，只希望老大能够陪伴老二健康快乐地成长，这就足够了。当然，我们不可否认，老大是老二的引导者，也是老二的最佳榜样。实际上，老大比老二年长，只要老大表现出符合自身年龄段和身心发展特点的样子，就可以无形中引导老二。父母不要刻意要求老大必须成为老二积极的榜样，也不要要求老大必须对老二的成长负起一定的责任。尤其是在老二的行为表现不符合父母的预期时，父母一定不要把责任归结到老大身上。家庭的氛围，对于孩子的成长会起到一定的影响作用，父母必须为孩子营造宽容的家庭氛围，这样才有利于孩子健康快乐地成长。与其强求老大一定要给老二做出榜样，父母不如从自身出发，以身示范，给孩子做好榜样。父母在要求老大表现良好的同时，更应该意识到，自己的言传身教对于老大也会起到积极的影响作用，所以父母更应该深刻地反思自身，如此才能有的放矢地教育和引导老大。

要二孩之前，先对大宝进行心理干预

大多数父母在计划要老二之前，都会担心老大能否接受老二。尤其是很多老大本身也不大，还需要依赖爸妈，在这种情况下，老二的突然到来必然分散父母对于老大的爱，所以，在要老二之前，先对老大进行心理干预，是很有必要的。尤其是对于新时代的父母而言，这样的预先性意味着教育的进步，意味着父母开始更多地关注孩子的心理健康和情绪感受，是值得赞许和提倡的。父母有了这样的想法，就可以在老二到来之前先给老大作好充分的思想准备，从而为整个家庭生活节奏的调整和人际关系的融洽奠定基础。

父母该如何帮助老大进行心理建设呢？首先，作为老大，大宝本身也只是个孩子，甚至是个心灵非常稚嫩的孩子。为此，父母要借助于孩子可以接受的各种方式方法，帮助孩子进行心理建设，其中，阅读绘本就是个不错的选择。如今，有很多优秀的父母都会选择给孩子买各种各样的绘本，绘本色彩丰富，颜色艳丽，情节鲜明生动，可以给年幼的孩子带来良好的情绪体验。借助于绘本，孩子可以开阔思维，感受到爱与真善美。如今，有很多经典的绘本对于孩子的心智都能起到很好的启迪作用，诸如"卡梅拉系列"绘本，不但可以开启孩子的心智，而且可以让孩子渐渐地形成家庭观念。在给孩子读绘本的过程中，父母还可以有计划地帮助孩子进行知识储备，这样一来，孩子就可以有准备地迎接弟弟妹妹的到来。

其次，要想让老大接受老二，父母可以尽量让老大参与迎接老二的过程，也可以让老大见证老二的到来。对于老大而言，如果可以亲眼见证老二从无到有，这无疑是非常神奇的，也会让老大心潮澎湃、激动不安。有些妈妈在老二即将到来的时候，因为觉得身心疲惫，且想要耳根清净，往往会选择把老大送到别人家里寄养。殊不知，这样的做法会让老大觉得老二是凭空到来的，不利于老大接受老二。此外，有些老大比较敏感，还会把老二的出生和自己被迫离开爸爸妈妈的身边联系起来，这对于他们而言无疑是糟糕的体验。因此，越是在老二出生的时候，妈妈越是应该亲近老大，从而帮助老大进行心理建设。

最后，不管爸爸妈妈准备得多么充分，老二的出生一定会给老大带来冲击，老大也难免会产生各种负面情绪。对此，父母要接纳孩子的负面感受，而不要因此批评孩子，或者强硬地纠正孩子的感受。要知道，若父母对于老二的到来如临大敌，并且因为老二的到来而对老大提出更要的要求，就会导致老大产生更大的负面情绪和抵触心理。需要注意的是，想要化解老大的负面情绪，应注意方式方法，而不要以物质交换的方式让老大接受老二的到来，否则就会导致老大把亲情变成交换，使得老大亲情淡漠。在这种时刻，与其强求老大对于老二的到来感到欢喜，不如接纳老大的负面情绪和感受；妈妈如果心情紧张焦虑，也可以向老大倾诉和求助。在彼此的相互温暖和支持中，相信全家人都会感到精神放松。

妈妈在孕期时被老大黏怎么办

妈妈十月怀胎是一个漫长而又辛苦的过程，尤其是在挺着大肚子非常疲惫的情况下，如果老大还小，总想要黏着妈妈获得感情上的安慰和满足，这时妈妈应该怎么办呢？有些妈妈对于孩子感到很厌烦，因而选择把孩子送到爷爷奶奶或者姥姥姥爷家里，以期从容度过清净的孕期。不得不说，这是对孩子亲近妈妈权利的剥夺。试想，如果没有肚子里的老二，老大还可以撒娇，还可以和妈妈一起玩耍甚至入睡，为何老二才出现在妈妈的肚子里，老大的这些权利就都没有了呢？众所周知，对于婴儿而言，与妈妈之间的亲密相处与依恋，对于他们的成长是至关重要的，也是他们获得安全感的源泉。只有在婴幼儿时期从妈妈那里得到感情满足的孩子，未来才会拥有亲密无间的亲子关系，乃至在普通的人际关系中有良好的表现。因此，每个孩子都有权利且需要享受与妈妈的零距离相处，并感受到满足。即使老二到来，也不能影响妈妈与老大之间的依恋关系，这是对老大负责任的基本态度。

在和老大相处的过程中，妈妈可以告诉老大自己的肚子里正有一个小弟弟或者小妹妹，从而让老大自发地保护妈妈，也和妈妈一起呵护小弟弟或者小妹妹。这样一来，既可以令妈妈与老大之间进行亲子相处，也可以令老大与妈妈一起呵护老二，建立老大与老二之间的感情，无疑一举两得。此外，对于孩子而言，最亲近的人除了妈妈，还有爸爸。在养育大宝的时候，妈妈就应该有意识地平衡孩子与父母之间的关系，即让孩子不但亲近妈妈，也亲近爸爸。这样一来，如果妈妈觉得身体不舒适，就可以让爸爸肩负起陪伴老大的重任，还可以给予父亲与孩子更多

相处的时间和机会，增进父子感情。否则，如果妈妈与孩子的关系过于亲密，导致孩子对于爸爸非常疏离，爸爸就会有劲儿使不上，导致在亲子关系中处于赋闲的状态，也无法为妈妈分担，这岂不是很遗憾吗？

从孩子心理成长的角度而言，随着生命节奏的不断推进，他们自然会疏离父母，渐渐地走向独立。那么，到底是孩子离不开妈妈，还是妈妈离不开孩子呢？如果想找到这个问题的答案，只需要趁着新学年开始之际去幼儿园门口看一看即可。每年九月份，幼儿园里都会新进一批孩子，这些孩子刚刚过了三岁，入读幼儿园小班。也有少部分孩子才过了两岁，入读幼儿园托班。当孩子哇哇大哭着进入幼儿园，跟随在他们身后的是父母的泪眼。有的时候，孩子已经进入班级、开始正常学习和生活，父母仍犹如困兽一般心神不宁地守护在幼儿园外面。认真观察孩子和父母的表现，我们不难得出一个结论，与其说是孩子离不开父母，不如说是父母离不开孩子。对于父母而言，哪怕孩子只有片刻离开他们的视线，都是难以接受的，也是让他们无法安心的。这样失去平衡的亲子关系，对于孩子的成长并不是好事情。借助于养育老二，父母正好可以反思此前的亲子关系，并对于家庭结构进行深度的调整。

从以上种种方面进行考虑，当挺着大肚子的妈妈被孩子黏着时，不要拒绝孩子，也不要纵容孩子，而是可以让孩子与爸爸更亲昵，也可以借此机会让孩子爱上妈妈肚子里的宝宝，这都是很不错的选择。父母要记住，对于孩子适时地放手，并非不管孩子，而是给予孩子更广阔的空间去成长！孩子只有适时地迈出独立的一步，才能在人生的道路上砥砺前行，更加坚定不移地勇往直前。

第 04 章

二宝出生后，大宝的感受也不容忽视

无论此前的准备工作和心理建设进行得多么好，对于大宝而言，二宝的出生所带来的冲击必然是无法避免的。敏感的大宝难免会产生被剥夺权利的感觉，例如，他曾经可以躺在爸爸妈妈中间享受爸爸妈妈共同的爱抚，现在却只能一个人在自己的房间里孤独地入睡，或者只有爸爸陪伴着他。再如，他曾经可以在家里肆无忌惮地蹦蹦跳跳、吵吵闹闹，如今却不得不安静地待着，因为怕吵到二宝。总而言之，有了二宝的家让大宝感到被束缚，觉得没有之前那么自由自在了。基于这样的情况，父母一定要更加关注大宝的感受，从而及时疏导大宝的不良情绪和负面感受。

二宝出生后，要更关注大宝

在大多数二孩家庭里，一旦二宝出生，全家人的重心都会转移到二宝身上，而完全忽略大宝的感受。不管是爸爸妈妈，还是爷爷奶奶，甚至包括姥姥姥爷，大家都围绕着二宝转，不管是二宝吃了喝了还是拉了撒了，大家都感到很兴奋，似乎这些就是二宝最大的成就。在忙得团团转的同时，大家都忽略了那个躲在某个角落的大宝，也完全忽略了大宝的感受。这样的忽略久了，大宝的内心就会愤愤不平，并抱怨每一个人：为何二宝一来，大家都不关心我了呢？已经习惯做家庭中心的大宝，心中的落寞和寂寥可想而知。

明智的父母知道，在二宝出生的时候，反而更要关注大宝的感受，最好不要让大宝觉得他在家庭中的地位因为二宝的到来而发生了改变。否则，大宝内心失去平衡，无形中就会迁怒于二宝，就会因为二宝的出生感到愤怒。为此，在二宝出生之前，妈妈和爸爸就要安排好家庭分工，例如，妈妈因为要给二宝喂奶等，难免要付出大量的时间和精力，尤其是在坐月子期间，一定无法像之前那样关注大宝，为此，爸爸就要调整工作安排，抽出更多的时间关注大宝。再如，妈妈也可以告诉爷爷奶奶等长辈，一定不要因为二宝到来而忽略大宝。当关注大宝的问题被提出后，大家就会有意识地关注大宝，而不会忽略角落里的大宝。

对于新时代的二孩妈妈而言，能够把保护大宝感受这件事提升到前所未有的高度，是作为妈妈的进步，也是妈妈对于孩子负责任的表现。《孩子你慢慢来》这篇文章里细腻地写道："人类分为两种，和艾瑞卡一样有过至少两个孩子的父母，在来看婴儿的时候一定会多带一份礼物给老大。但是，那些只有独生子女的父母或者从未做过父母的人，却只准备了一份礼物给婴儿。他们进门就问关于婴儿的事情，丝毫没有留意到，为他们开门的老大，只比他们的膝盖高一点点，正站在门旁不为人注意的地方。"不得不说，作为一位妈妈，龙应台对于这个情景的观察是细致入微的，而同时作为作家的她对于文字的运用非常娴熟，所以才能以细致的笔触对这样司空见惯的情形进行入木三分的刻画。从这段文字里，作为父母，我们不难感受到老大在迎接老二到来时的感受，以及老大因为老二的到来，整个人的受关注度都大幅度降低。既然认识到这一点，在二宝出生之后，妈妈要更加关注大宝的感受，绝对不要降低大宝在家庭里的地位和待遇。

不可否认，父母的时间和精力都是有限的，尤其是妈妈，在二宝出生之后，身体上也有一定的消耗，所以更需要时间来恢复精力。但是，不要因此放纵自己，即使不能像只有一个孩子时那样全身心投入，也要宁可忽略二宝，绝不忽略大宝。要知道，二宝从一出生就有哥哥或者姐姐，对于他而言，四口之家是理所应当的家庭模式，而大宝出生的时候，他的家庭只是三口之家，他已经习惯了全家人都围绕自己转，也习惯了得到家庭所有成员的关注。所以，毋庸置疑，二宝的出生对于大宝的冲击非常大，如果此时父母对于大宝的关注急剧锐减，就会给大宝带来糟糕的感受和沉重的打击。因而明智的妈妈会在二宝到来之后更多地

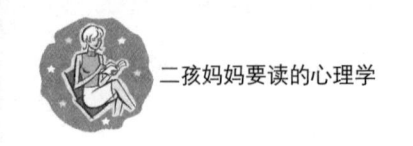

关注大宝，给予大宝更多的爱。

在这里必须提到的是，对于二孩家庭而言，一定需要充足的人手。人手充足，可以帮助妈妈顺利渡过二宝出生的关键时期，也令妈妈有更多的时间和精力关注大宝。而如果人手紧张，妈妈只是照顾二宝的吃喝拉撒就已经拼尽全力，根本无法有足够的时间和精力关爱大宝。从这个角度而言，要二孩之前，想好人手的安排问题，也是非常重要的。遗憾的是，现实生活中，总有很多二孩家庭持续对大宝不闻不问、疏忽冷落；也有很多二孩家庭因为过度关注大宝的情绪，导致于无形中放大了大宝的敏感和负面感受。常言道，凡事皆有度，过度犹不及，父母对于大宝一定要采取适宜的态度，这样才能有的放矢地引导大宝，才能恰到好处地对待大宝。

父母要认识到一点，无论准备工作做得多么充分，无论人手多么充足，大宝嫉妒二宝这种事是一定会发生的。面对大宝的嫉妒，父母不要过分紧张，而应坦然相对。嫉妒是一种正常的情绪，别说是心智不成熟的孩子，就算是心智成熟的成人，也常常陷入嫉妒的情绪之中无法自拔。既然如此，就接受大宝的嫉妒情绪，等待时间慢慢将其消散。只要大宝的嫉妒情绪没有超过正常的限度，父母完全无须紧张，而只要接纳即可。每个人都是独立的生命个体，即使亲如父母子女，彼此之间的相处也需要慢慢地磨合，才能最终开成协调的节拍。只要爸爸妈妈对于大宝和二宝怀着爱与包容的心意，相信全家人一定会过上幸福美满的生活。

怎样帮助大宝获得心理平衡

大宝之所以感到嫉妒，是因为他的内心没有获得平衡。二宝出生之后，父母关照大宝，重点在于平衡大宝的心理，让大宝发自内心地意识到，即使二宝到来，全家人也依然很喜欢他、爱护他，这样一来，他自然不会对二宝心怀芥蒂。那么，作为二孩父母，我们如何才能平衡大宝的心理呢？不得不说，这是一个需要长期努力才能完成的艰巨任务，绝不是随随便便就可以让大宝心中的嫉妒情绪烟消云散的。看了前面的文章，很多父母误以为，只要在二宝刚刚出生的那段时间里特别关注大宝，就可以消除大宝对二宝的隔阂，也可以使其不再嫉妒二宝能得到父母无微不至的爱。实际上，让大宝获得心理平衡，要从生活中的点点滴滴做起，要始终将其视为家庭生活的重要任务，坚持做到最好。

太多的父母把平衡大宝的内心想得太简单，觉得只要给大宝买比二宝更多的玩具、衣服，在搂抱二宝的时候也搂抱大宝一下，大宝就可以内心平衡。实际上，大宝看似还是个孩子，对于各种感受却是非常敏感的。二宝到来之后，大宝要度过漫长的过渡期，内心的惶恐不安让他们想要持续地从父母那里得到安全感，得到认可，也得到从未改变的爱。有些大宝嫉妒心理很强，甚至，在看到妈妈给二宝喂奶的时候，他也会想要吃奶。这种情况下，妈妈该怎么办呢？不妨让大宝也吃一口，二宝不会因此挨饿的。当大宝并不过分的心愿得到满足，他就会获得内心的暂时平衡。

有的时候，爸爸妈妈会感到非常厌烦，这边二宝正因为吃喝拉撒等问题而哭闹不休呢，那边大宝也开始闹腾起来，突然发脾气，或者提出很难满足的要求。对于大宝这样的表现，很多父母都知道大宝是故意的，却不知道大宝最终的目的是什么。实际上，大宝只是想以这样不讲理的方式吸引爸爸妈妈的关注，让爸爸妈妈在哄着小弟弟的时候也能关注自己。

随着二宝渐渐长大，大宝反而更需要心理平衡。例如，当七岁的大宝和一岁的二宝争抢玩具的时候，父母是偏向于大宝还是偏向于二宝呢？大多数父母会不假思索地偏向于二宝，甚至要求大宝必须让着二宝。实际上，这样看似不经意的小事情，会在大宝心里留下深刻的影响，父母一定要慎重处理大宝与二宝之间的矛盾，这样才能保持大宝的内心处于平衡状态。有些父母以为这样的状态只会出现在孩子小时候，等到孩子长大了，彼此就会相亲相爱。不得不说，这也只是父母一厢情愿的假想而已。即使孩子长大了，进入青春期，或者成人，这样的平衡也始终需要父母用心去保持。曾经有位名人说，父母的不公是兄弟姐妹反目成仇的根本原因。当然，父母是无法真正做到绝对公平的，因为绝对公平在这个世界上根本不存在。父母要做的，是帮助孩子们保持内心的平衡，这就足够了。

由此可见，考验父母的绝不是在二宝刚刚出生的时候更加关注大宝，而是在家里有两个孩子之后，就要全力以赴地维护好孩子们内心的平衡。在二宝还小的时候，父母要重点维护大宝的心理平衡。随着二宝渐渐长大，父母的任务就是维护两个孩子的心理平衡。任何时候，父母都要不忘初心，要无条件地去爱孩子，让孩子感受到来自父母的深沉无私的爱。只有在爱的背景之下，一家四口的相处才会更加和谐融洽，感情才会更加深厚真挚。

大宝行为倒退怎么办

很多细心的父母会发现，在二宝出生之前，大宝原本已经可以独立睡觉、吃饭，也不需要再喝奶粉，更不会尿裤子，但是，随着二宝出生，大宝原本自理的行为竟有了倒退的表现，有些大宝甚至开始尿裤子，睡觉需要人陪伴，吃饭的时候也需要人喂，乃至要求和弟弟妹妹一样吃奶，这是怎么回事呢？从心理学的角度而言，这是因为大宝的行为出现倒退。他们看到弟弟妹妹得到父母无微不至的照顾和关爱，为了帮助自己也争取到同样的对待，他们也表现得和弟弟妹妹一样，这是因为他们误以为只有这样表现才能得到父母的同样对待。

实际上，大宝的行为倒退是在潜意识的驱使下做出来的，很多大宝甚至都没有意识到自己的这种行为变化。那么，父母如何帮助大宝改变行为倒退呢？与其一味地指责和训斥大宝，不如满足大宝的心愿，让他自己放弃要和弟弟妹妹一样的想法，这样一来，他自然不会继续这么做。

自从甜甜出生之后，乐乐就愤愤不平，尤其是看到甜甜在妈妈的怀抱里有滋有味地吃奶时，乐乐在一旁简直急得抓耳挠腮，恨不得自己也能上去吃一口奶。终于有一天，乐乐忍不住问妈妈："妈妈，我小时候也是吃奶长大的吗？"妈妈点点头，乐乐有些不相信："但是，我现在怎么不记得吃奶的滋味了呢？我还可以吃奶吗？"妈妈笑起来，说："乐乐，你已经七岁了，还好意思吃奶吗？多么羞羞啊！"乐乐被妈妈说得恼羞成怒，居然哭起来，大喊大叫："我就要吃奶，我就要吃奶。"

妈妈拗不过乐乐，只好让乐乐也来自己的怀抱里吃奶。乐乐才吃了一口奶，就马上吐出来："哎呀，奶可真难吃啊！"妈妈问："怎么难吃呢？"乐乐说："没有甜蜜的味道，还有一种难闻的味道。但是，甜甜怎么吃得这么香甜呢？"妈妈耐心向乐乐解释："甜甜还小，只能吃妈妈的奶，她一出生就吃奶，所以不会觉得难吃。不过，等到她长大了，吃了其他美味的食物，就不喜欢吃奶了。"乐乐恍然大悟："原来如此！"后来，乐乐再也没有吵闹着要吃奶。

很多妈妈面对大宝也要吃奶的请求，总是觉得难为情，其实，孩子都是自己生的，吃一口奶又有什么关系呢？对于大宝而言，他并不是真的想要吃奶，而是羡慕二宝躺在妈妈怀抱里安然惬意的感觉。因此，在二宝出生的时候，如果大宝也不大，妈妈不妨给大宝准备一个带奶嘴的奶瓶，这样大宝就可以在二宝吃奶的时候也抱着奶瓶咕嘟咕嘟喝个痛快。

大宝的行为倒退现象不仅表现在吃奶方面，还表现在其他很多方面，诸如尿床、要求喂饭等。对于大宝这些异常表现，父母一定要给予充分的理解，尤其需要注意的是，千万不要责备大宝，更不要让大宝误以为二宝出生后爸爸妈妈就不再爱他。有些大宝被父母冷落久了，还会说自己想要当弟弟妹妹等诸如此类的傻话，其实，大宝话傻人不傻，这是他想要得到父母关照和爱的心声。因此，当父母听到大宝说出这样的话时，一定不要大意，而要当即给予大宝足够的爱与关照，从而让大宝感受到父母确定的爱，也获得切实的安全感。

大宝为何不能无条件喜欢二宝呢

在接受二宝即将到来的事实之后，大宝对于二宝开始怀着憧憬和期待，他们甚至在幻想二宝是个弟弟或者是个妹妹。然而，等到二宝出生之后，大宝发现二宝并没有如同他们所期望的那样是个弟弟或者妹妹，他们对于二宝就不会那么满意。例如，大宝想要一个弟弟，但是发现二宝是个妹妹，因此，他很不愿意带着日渐长大的妹妹一起玩耍。有的时候，他还会要求妹妹必须穿上男孩子的衣服，这样才愿意和妹妹一起玩。这是为什么呢？

看到这样的情况，很多父母误以为大宝对于二宝的喜欢是有附加条件的，其实，与其这么说，不如说大宝是因为对于二宝的预期没有得到实现，所以心里感到很失落。大宝之所以有条件地喜欢二宝，要求二宝必须达到他的条件，是因为潜意识里想弥补自己心里的失落。

很多父母在孩子出生之前，也会猜测孩子的性别，甚至假定孩子为男孩或者女孩，去准备婴幼儿用品。等到孩子出生之后，如果性别与预期不同，父母心中也会有小小的失落。殊不知，大宝的心态也是如此。在二宝没有出生之前，大宝就在心中想象二宝的性别，因此他所进行的心理建设，也都是在二宝符合预期性别的基础上。在这样的心理建设中，大宝对于未知的未来有了一定的把握，内心也觉得没有那么慌张和可怕。但是，当二宝的到来打破了大宝内心的预期和准备时，大宝就会感到失落，甚至觉得自己无法应对未来的生活。他为此失望，不知所措，但是父母并没有意识到大宝的内心此刻正在经历什么，只是看到大宝对于二宝的到来没有预想中那么欣喜。为此，大宝只好自欺欺人，假装二宝的性别和他预想的一样，乃至由此引发看似荒诞的行为，即要求二宝必须穿上他规定的衣服或者做出他规定的举动，才能和他一起玩耍。

从心理学的角度而言，大宝之所以对二宝的性别有强烈的憧憬，是由儿童性别发展规律导致的。心理学家经过研究告诉我们，孩子在三岁前后就会产生性别意识，正是在性别意识的基础之上，孩子们才能产生健康的自我意识，从这个角度而言，3~6岁的孩子对于男孩女孩的界定非常严格，例如，他们认为只有穿上男孩的衣服才是男孩，只有长头发扎着小辫子的女孩才是女孩。这个阶段，孩子们对于不同性别表现出的认知堪称刻板，有很多女孩坚持认为短头发的妈妈是男性，而认为穿裙子的叔叔是女性。直到七岁之后，他们对于性别的认知才会渐渐变得灵活。

从这个角度来说，当大宝对于二宝的性别产生深深的失望情绪时，父母首先要接受大宝的感受，并要引导大宝从正面接受二宝的性别。当大宝表示自己不知道如何和二宝玩耍时，为了缓解大宝紧张焦虑的感觉，妈妈可以这样安慰大宝："没关系，妈妈只有带养你的经验，也不知道如何对待小弟弟/小妹妹，不如我们一起努力，熟悉和了解小弟弟/小妹妹，好不好？"只有妈妈认可和接纳大宝的感受，大宝才会感到轻松，才会愿意与妈妈一起面对即将发生的各种困难。

为了避免大宝对于二宝的性别产生失望和无所适从的感觉，在二宝还没有出生的时候，父母就要有意识地引导大宝接受二宝的性别。例如，当大宝说想要个弟弟的时候，爸爸妈妈可以在不干涉大宝期望的基础上，轻描淡写地提醒大宝："爸爸妈妈也希望是个弟弟，不过很有可

能是个妹妹。如果二宝是个妹妹，你会怎么做呢？"即使大宝抗拒回答这个问题，他也会循序渐进地接受二宝有可能是个妹妹的事实。如果大宝能够在父母的引导下和父母一起想象着二宝是个妹妹，那么大宝就会渐渐作好心理建设，这就像是做好备案一样。如此一来，二宝出生之后，不管是弟弟还是妹妹，大宝都能够坦然接受。此外，在大宝进行人际交往的时候，父母还可以引导大宝和同性以及异性的小伙伴玩耍，这样，大宝人际交往的经验变得更加丰富，也不会过分在乎二宝是弟弟还是妹妹了。

让大宝对二宝的到来感到欢喜

让大宝发自内心地接受二宝，喜欢二宝，只对大宝进行说教，让大宝转变观念，是完全不够的。因为父母的说教只能让大宝从思想上进行转变，也许只是从排斥和抗拒二宝，到心不甘情不愿地接纳二宝。那么，如何让大宝欢迎二宝的到来，感到真心欢喜呢？就要激发大宝心中对于二宝的喜爱，也让大宝切实认识到二宝的到来给他带来的各种好处和利益。

大宝之所以排斥二宝，是因为觉得二宝的到来会分走爸爸妈妈的爱，也会让爸爸妈妈陪伴他的时间变少，还会导致他的各种权利和利益都被剥夺。人的本能总是趋利避害的，没有人愿意被侵犯利益。那么对于对自己有利的事情呢？大多数人都会趋之若鹜。既然如此，要想转变大宝对于二宝的态度，最关键的在于让大宝感受到二宝的到来给他带来的好处。

大宝通常只有五六岁的年纪，对于这个年龄阶段的孩子而言，他们往往目光短浅，只关注自己眼前的利益，而不关注所谓的手足情深，也不知道弟弟妹妹的到来让他们更加深刻地理解生命，更不知道弟弟妹妹是父母留给他们的最宝贵的礼物和最长情的陪伴。他们只知道，弟弟妹妹分走了爸爸妈妈的爱，抢走了他们的玩具，剥夺了他们在家里肆意玩闹的权利。从孩子的角度来看，拥有弟弟妹妹并没有让他们的生活变得更好，而只让他们的生活变得更差，由此也就可以理解老大为何都不愿意要老二，也常常对老二表现出嫌恶的原因。

既然如此，父母无须用利益来引诱老大接受老二，这样才能彻底消除老二自以为是的想法：二宝的到来能给我带来什么利益呢？必须让老大意识到二宝的存在是合理的，老大才会在思考与二宝的关系中摆脱利益的限制和禁锢。二宝的到来，本身就是一个天赐的礼物，难道不是吗？必须经历漫长的过程，大宝才会发现二宝的到来给他们带来的好处，这是需要时间去解决的难题。对于每一个爸爸妈妈而言，当务之急是让老大现在就接受家里多了一个人、他多了一个弟弟或者妹妹的事实。很多父母为了让老大接受老二而倍感焦虑和心急，其实父母这样的态度很容易对老大产生影响，试问：如果连父母都认为家里多了一个孩子是很难接受的事实，老大还如何去接受呢？由此可见，解决这个问题的核心在于父母要理所当然地接受二宝的到来，不要因此就觉得亏欠了大宝，更不要因为神经过敏而觉得大宝每时每刻都在宣泄因为二宝到来而引发的不满情绪。只有父母端正态度、摆正心态，大宝才能理所当然地接受二宝。

从孩子成长的角度而言，每个孩子在漫长的成长过程中都会有各种各样的烦恼和不满足。所谓人生不如意十之八九，对于这些烦恼和不满足，父母首先要接受它们的存在，然后再引导孩子接受。具体来说，就算没有二宝到来引起老大不满，老大在成长过程中也会感受到其他原因引起的不满和遗憾。尤其是在进入学龄阶段之后，孩子的交际范围越来越大，烦恼也会越来越多。诸如和小朋友相处不好，没有按时完成老师布置的作业，或者体育课的成绩不理想等，都会导致孩子陷入形形色色的烦恼之中无法自拔。父母无法代替孩子去烦恼各种事情，也没有能力帮助孩子消除所有的烦恼，唯一能做的就是接纳孩子的情绪和感受，并允许孩子在感到愤愤不平的时候适当地发泄。

不管是对于孩子还是对于成人而言，情绪都像是流动的水，父母要引导孩子接纳自身的情绪，主宰自身的情绪，并学会发泄自身的情绪，这样才能让情绪之水始终保持流动的状态，从而保持新鲜与活力。在孩子的成长过程中，父母一定要摆正自己的位置，不要成为孩子的代理人，而要成为孩子的引导者。记住，父母即使再爱孩子，也不可能替孩子摆平一切，更不可能每时每刻都成为孩子的灭火器。与其让孩子在情绪的温室中长大，未来无法从容应对情绪，不如让孩子多多接受情绪风雨的磨砺，这样才能提升孩子对于情绪的掌控能力，让孩子学会接受人生中的各种不如意、解决人生中的各种难题。

第 05 章
大宝的怨怼，妈妈要重视起来

随着二宝渐渐长大，妈妈会发现大宝对于二宝的态度也在逐渐改变。实际上，这种态度的改变恰恰表现出大宝的心态和情绪情感发生了改变。因此，妈妈一定要重视大宝的改变，也要洞察大宝在行为改变背后的深层次心理原因。唯有如此，才能及时关注大宝的心理动态，并有的放矢地引导大宝疏导情绪，帮助他构建健康的心理状态。

大宝为何越来越霸道

　　细心的妈妈会发现，自从二宝降生，原本懂事听话的大宝变得越来越霸道，不但故意与父母对着干，还会常常出现很多负面情绪，诸如嫉妒、霸道、喜欢发脾气，还常常与二宝争风吃醋等。这到底是为什么呢？很多父母对于这个问题百思不得其解，实际上，类似的问题之所以频繁出现，就在于大宝的成长环境发生了改变。

　　2013年，单独二孩政策放开，直到2015年，二孩政策才全面放开。这也就意味着，原本不符合单独二孩政策的家庭，是在2015年年底全面放开二孩政策之后才开始考虑生育二孩问题的。由此可见，大多数家庭此前只有一个孩子。原本作为独生子女的老大，已经习惯了成为全家人关注的中心和焦点，对于父母突然决定再要一个孩子，他们感到难以接受，并因此而陷入焦虑状态之中。实际上，不仅孩子对于独生子女状态已经习惯，很多父母在二孩政策放开之后依然不准备再要一个孩子，也是因为习惯了三口之家的状态。尤其是现代社会生存压力越来越大，职场上的竞争日益激烈，对于父母而言，多生一个孩子意味着整个家庭的负担都将会加重，这还不包括时间和精力上的成本。而对于大宝来说，作为家庭里万众瞩目的焦点，他们已经习惯接受父母无微不至的照顾和关爱，当然不愿意有人来分享。

第05章　大宝的怨怼，妈妈要重视起来

甜甜出生之后，原本很乐于分享的乐乐，变得小气起来。在甜甜七八个月的时候，有一天，乐乐看到甜甜拿着他小时候的玩具玩，当即噘起小嘴不乐意："这是我的玩具，为何要给甜甜玩呢？"妈妈解释："这是你小时候的玩具，你现在已经不玩了，所以可以给妹妹玩。"乐乐生气地说："那么你给妹妹玩，经过我的同意了吗？我还没有同意，你为何就给妹妹玩了？"妈妈无奈，只好郑重其事问乐乐："那么乐乐小同学，你愿意把你小时候的玩具借给妹妹玩一下吗？"乐乐突然回答："不愿意。"然后，他从妹妹手里抢走玩具，又跑到房间里把玩具藏起来。妈妈觉得很无奈，暗自嘀咕：这个孩子怎么这么小气呢？

后来，妈妈想拿出乐乐小时候的一件罩衣给甜甜穿，想到上次的玩具事件，妈妈诱惑地问乐乐："乐乐，甜甜吃饭的时候总是把饭洒得到处都是，你有什么好办法吗？"听到妈妈向自己求助，乐乐很高兴，当即积极地想办法解决问题。因为前几天刚刚看过罩衣，所以乐乐马上提议："我有一件吃饭穿的衣服，拿给小妹妹穿，这样就不会把衣服弄脏了。"就这样，乐乐兴冲冲地把衣服拿给妹妹穿，还得到了妈妈的表扬，他高兴极了。

在这个事例中，妈妈一开始没有征求乐乐的意见就把乐乐的玩具给甜甜玩，虽然乐乐已经不需要那个玩具，但是占有欲还是让他赶紧把玩具收回来。在第二个事例中，妈妈引导乐乐主动提出把罩衣拿给甜甜穿，所以乐乐心甘情愿，丝毫没有犹豫，还因此而得到了妈妈的表扬，当然非常高兴。由此可见，老大霸道没有关系，只要妈妈做好引导工作，就可以让老大的情绪变得平静。

当家里突然多了一个孩子，父母即使已经作好各个方面的准备，也依然会在精力与时间、经济方面变得紧张。而看似年幼的大宝，把父母的

各种困惑都看在眼里,会敏感地觉察到家庭的变化,并受到父母的紧张焦虑的感染,也深深地感到不知所措。面对孩子言行举止的改变,父母一定要深刻意识到,孩子行为的改变是因为他的内心有了变化。当老大的生活受到冲击,当他们对于父母和自己都感到不满意的时候,他们必然会表现出攻击性行为。而二宝作为老大攻击行为的目标,首当其冲受到攻击。原本老大已经不需要每天喝奶粉,但是看到二宝在喝,他会觉得资源变得紧张,因而也要求要喝奶粉;原本老大对于自己小时候的玩具已经不感兴趣,但是看到二宝在玩,他会产生危机感,甚至假装兴致盎然地玩起玩具。孩子的自我意识越强,他们越是会产生攻击性,越是会变得更加霸道。

为了有效缓解大宝的紧张情绪,减少大宝的霸道行为,爸爸妈妈可以给予大宝更多的关注。例如,在决策家庭某些事务的时候,让大宝参与决策,这样大宝就会感受到自己优于二宝的优越感;在养育二宝的过程中,也可以让大宝帮忙做些力所能及的事情,这样大宝就会觉得自己已经长大,产生自豪感,并觉得自己甚至可以当二宝的监护者……这样的积极引导,对于平复大宝的情绪,让大宝与父母的关系更加紧密、对二宝也充满爱意,是有好处的。当父母信任大宝、愿意让大宝帮忙照顾二宝时,大宝就会从与二宝的竞争关系中摆脱出来,从而更加亲近二宝,也更深入地融入家庭生活中,成为不折不扣的小主人。

大宝为何不能接纳二宝

相比起二宝,大宝年长几岁,因而在很多方面的表现都比二宝更好。为此，在做很多事情的时候，大宝未免觉得二宝累赘，也会因此嫌弃二宝。其实，归根结底，还是因为大宝没有发自内心地接纳二宝。如果大宝认可二宝是家庭的一分子，是需要自己用心照顾的弟弟妹妹，他们非但不会觉得二宝麻烦，反而会很疼爱二宝呢！那么，大宝为何不能接纳二宝呢？如何引导大宝接纳二宝呢？这是一个难题，并且难倒了很多父母。

不可否认，二宝的出生对大宝的生活产生了一定的冲击力，直接导致大宝此前的生活模式、与父母之间的相处模式，以及整个家庭的结构都发生了改变。对于家庭而言，二宝的出生是家庭结构的一次深度重组。对于大宝而言，二宝的出生是对他的巨大挑战。别说是大宝，包括所有家庭成员在内，都要为了迎接二宝而作出相应的调整。从这个角度而言，妈妈要了解大宝对二宝的情绪，以有的放矢地帮助大宝接纳二宝到来。遗憾的是，很多父母对于大宝排斥和抗拒二宝的情绪完全不能理解，甚至强制要求大宝必须接纳二宝，导致大宝对于二宝更加抵触和抗拒。其实，父母对于大宝情绪的接受，是帮助大宝解决情绪问题的关键所在。

在迎接二宝到来之前，父母要作好经济上的准备、心理上的准备、人手上的准备，也要作好接纳大宝负面情绪的准备。在两个孩子的家庭里，矛盾与纷争、嫉妒与竞争，以及各种不平衡的状态，是一定会存在的。这才是真实的二孩家庭的生活状态。在此过程中，父母也必然要经历和孩子一起成长的过程。所以妈妈要首先作好心理准备，接受二孩家庭即将面临的各种矛盾和冲突，协调好家庭生活中的各种不平衡，这才是解决俩宝之间问题的关键所在。

有一天，妈妈带着哥哥和弟弟一起去小区的公园里玩。正当哥哥和同龄的小伙伴们玩得兴高采烈之际，弟弟突然哭起来。无奈，妈妈只好喊着哥哥一起回家。在回家的路上，哥哥厌烦地对妈妈说："妈妈，弟弟太烦人了，不如我们把他送人吧！"听到哥哥的话，妈妈心中一惊，问："为什么呢？"哥哥委屈地说："因为有弟弟，我都不能在外面玩很长时间了，每次出来不多久，弟弟就会哭闹，不是要吃喝，就是要拉屎撒尿，简直太烦人了。"

妈妈原本很像告诉哥哥"你小时候也是这样的"，但是仔细一想，这似乎不是说服哥哥的好理由。妈妈静下心来思考很久，说："等到弟弟像你这么大，就不会这样了，我们耐心地等待他长大，好吗？"哥哥说："长大了又有什么好的，他还不是会和我抢玩具？我们幼儿园里的亚飞，他的弟弟就总是和他抢吃的、抢玩具。"妈妈问："那么，亚飞把弟弟送人了吗？"哥哥想了想，摇摇头，妈妈说："每个孩子小时候都会有各种问题，但是，等到长大了，他们就会和兄弟姐妹玩得非常开心，也会互相帮助。你经常想出来找小朋友玩，等到弟弟长大了，你就不需要出来找其他小朋友玩，即使在家里，也可以和弟弟玩，这么想一想，是不是很好呢？"哥哥笑起来，说："那好吧，既然他未来会成为我的玩伴，我就暂时忍耐他一下吧。"

不可否认，二宝的到来，的确给大宝的生活带来诸多不便。原本，妈妈可以陪着大宝在公园里玩很长时间，等到天黑了、肚子饿了，再回家。但是，如果带上二宝，他很快就饿了，或者要拉屎撒尿，这样一来，大大缩短了哥哥在外面玩的时间。如果妈妈以"你小时候也是这样的"来安慰哥哥——毫无疑问，在成人心中顺理成章的说法，在孩子那里不会有任何说服力。与其让大宝从理智上接受二宝的生理需求，不如告诉大宝，二宝会慢慢地长大，可以陪伴大宝一起玩耍。这样一来，大宝更容易获得心理上的平衡。

很多父母不允许大宝抱怨二宝，殊不知，抱怨、嫉妒等情绪都是无法控制和避免的。父母唯有接受孩子这样的不良情绪，才能帮助大宝平复情绪，才能有的放矢地解决问题。实际上，大宝之所以愤愤不平，并不是为了得到和二宝的同等对待，他们只是想和二宝一样得到父母同样多的关注而已。当然，对于大宝的心理工作，父母要保持长期奋战的准备。孩子总是情绪变化很快而且非常敏感，大宝的情绪不会因为父母讲一次道理或者让他在心理上找到平衡点就从此保持平衡。孩子在不断地成长，两个孩子之间的相处也会更加深入和复杂，父母一定要作好思想准备，让自己拥有更加强大的心理力量，这样才可以让两个孩子都健康快乐地成长，最终走向独立的人生。

大宝为何变得如此嫉妒

如果说二宝出生给大宝带来很大的冲击，那么在二宝成长的漫长过程中，这种冲击力也许会减弱，也许会增强，但是一定会持续下去，而不会完全消失。如果父母不能理解大宝的情绪，给予大宝有效的情绪疏导，说不定大宝还会做出过激的举动呢！因此，父母一定不要轻视大宝的情绪问题。

有些父母面对大宝表现出的负面情绪，往往会严厉训斥大宝，殊不知，这样不由分说的训斥会导致大宝关闭心扉，不愿意与父母沟通和交流。实际上，大宝愿意把所思所想告诉妈妈，这是积极的表现，至少妈妈可以通过大宝的倾诉洞察大宝的内心，也可以做到及时监控大宝的内心。反之，如果妈妈对于大宝的所思所想一无所知，那才是最可怕的。得到大宝的信任是幸事，妈妈一定不要辜负大宝的信任，而是应该借机疏导大宝的情绪，对大宝表现出理解和尊重。

每个人对于未知的事物都会感到恐惧，他们对于家庭即将要增添一个家庭成员这件事，大宝心怀忐忑是必然的。自从开放二孩政策以来，很多新闻都在报道老大反对父母生老二的现象，其实，老大的这种心态完全正常，因为他们不知道老二的到来会给他们的生活带来怎样的改变。舆论不应该对于老大的正常心理反应大肆报道，导致老大无形中背负沉重的道德压力。从父母的角度而言，也无须针对生老二的事情煞有介事地征求老大的同意。原本，父母是否生老二、什么时候生老二，是父母的自由。当父母心中对于生老二过分紧张和焦虑甚至因为拿不定主意而征求老大意见的时候，无形中就把老大推向了舆论的风口浪尖。

当老大正处于七八岁的年纪时，他们的自我意识非常强烈，为此，他们只注重自身的感受，而无法冷静接受突然涌出的各种负面情绪。尤其是老大那些作为独生子女的人生经验，让他们在蜜罐中泡大，从未感受过生活的挫折。为此，他们面对复杂的情绪时很容易慌乱，也常常因为一个偶然受到的刺激而情绪大爆发。他们恐惧伤心，敏感脆弱，也感到非常无助。一想到即将要与一个未知的生命分享父母的爱，他们对于父母的信任也会无形中动摇：爸爸妈妈是不是不爱我了，所以才会想要一个新的孩子呢？父母要想消除老大的负面情绪，最重要的是给予老大安全的感觉，以再次赢得老大的信任。

父母如果始终陷入老大嫉妒老二的困境中走不出来，那么老大也会陷入嫉妒之中无法走出来。父母作为家庭教育的引导者、家庭里各种关系的协调者，一定要端正态度，如此才能坦然面对和接纳孩子的负面情绪，才能引导老大积极地面对老二、真心诚意地爱上老二。由此可见，当父母难，当二孩的父母更难。父母必须陪伴老大度过老二最初降临时的新鲜时期，也要陪伴老大度过对老二妒火中烧的爆发期，更要陪伴老大度过与老二磨合直到能够相对友好相处的平顺时期。父母还要知道，在二孩家庭里，嫉妒、争吵、冲突，以及随时都有可能爆发的各种形式的矛盾，必将一直存在，而如何让这样的环境变成亲情的肥沃土壤，考验的是父母的智慧。

大宝不想独立睡觉怎么办

通常情况下，孩子会在五岁前后和父母分开房间，独立入睡。然而，这只是在一个孩子的情况下呈现出的成长规律；如果在老大五岁前后老二也降生，那么，原本水到渠成的分房睡觉，对于老大来说就会变得很困难。很多父母都知道，对于孩子的成长而言，分房睡觉是一件具有划时代意义的事情。很多孩子在分房睡觉之后，各方面的独立能力都会得以发展，他们的精神也会变得更加独立。所以，孩子分房睡觉的时间既不宜太早，也不宜太晚，而应该符合孩子的身心发展规律，做到恰到好处。

前文说过，随着老二出生，老大会出现行为倒退现象。如果老二降生时老大正处于从黏着父母到独立的过渡阶段，则老大黏父母的行为会延续下去。当妈妈需要照顾尚在襁褓时期的老二，而老大又不愿意独立睡觉时，该怎么办呢？如果老大在五岁前后，那么妈妈不如延迟老大独立睡觉的时间，先给予老大安全感。和安全感相比，早一年半载独立，对于老大并不那么重要。为此，有很多妈妈在老二出生后的一段时间里，每天晚上都左拥右抱，陪着两个孩子睡觉。当然，如果老大能接受由爸爸陪伴着睡觉，让爸爸陪伴老大也是可以的。这样一来，可以有效减少老大对于老二的误解：因为弟弟/妹妹出生，妈妈不要我了！对于妈妈亲密感情的持续，也有利于老大接纳老二，可谓一举两得。

父母一定不要要求老大必须独立。如果没有老二，强制要求作为独生子女的孩子在五岁左右一定要分开房间独立入睡，是可以的；但是，在老二到来的节骨眼上，适宜的年龄将变得不适宜，父母也要灵活应对，随机调整，这样才能平衡老大和老二的关系，才能帮助俩宝构建和谐的感情。

父母要知道，分房而居，对于孩子是有挑战性的，孩子要有足够的安全感才能适应独自入睡的情况。所以，不要选择在老二到来、老大缺乏安全感的时候要求老大单独一个房间入睡。孩子的身心发展是一个缓慢的过程，父母需要给予孩子足够的时间去适应独立睡眠，这样他们才能找回安全感。细心的父母会发现，很多孩子在分房入睡之后的很长时间里，半夜里仍时常会惊醒。这个阶段，是需要父母及时出现在孩子身边、给予孩子陪伴的。在分房初期，父母一定会有更多的辛苦，但是，只要能帮助孩子建立安全感、形成独立的性格，这样的付出就是完全值得的。每个孩子在成长的过程中都需要经历从对父母深深地依恋到逐渐走向独立的过程，父母给予的安全感，正是促使孩子尽快适应这个阶段身心发展的动力源泉。

很多妈妈不愿意过久地陪伴孩子一起睡觉，因为担心孩子产生深深的依赖心理，未来会很难与父母分开。实际上，这只是妈妈的担心而已，等到孩子的心智发育到一定的程度，他们就会自然而然地接受与父母分房而居的事实。有的时候，哪怕父母愿意继续和孩子睡，孩子也会因为需要独立的空间而拒绝和父母一起入睡。所以，父母要放松紧张焦虑的心情，要尊重孩子发展和成长的节奏，要顺其自然地对待孩子的成长，这样才能卓有成效地帮助孩子健康快乐地走向成熟。

支持大宝维护自己的利益

细心的爸爸妈妈会发现，孩子在成长到一定阶段的时候，往往很喜欢打人或者咬人。有的时候，遇到小朋友，孩子非常开心，会突然冲上去打小朋友一下，甚至咬小朋友一下；小朋友突然受到攻击，会害怕地哭起来，也有可能奋起反抗，与孩子打作一团。在家有二宝的家庭里，当二宝还小，大概一岁前后，不会用语言来表达自己时，他往往会采取打的方式表示对大宝的亲近。无缘无故受到攻击，大宝难免心生愤怒，却不知道"打是亲"是这个阶段对二宝最好的总结。

父母仅仅知道孩子的发展会经历"打是亲"的阶段是不够的，一定要采取正确的方法解决问题。有些父母以"打是亲"安慰大宝，殊不知，即便打人是二宝经历的必然阶段，也并不意味着打人的行为就有了合理存在的理由。父母一定要借此机会引导二宝以正确的方式表情达意，例如，告诉二宝："我知道你很喜欢哥哥/姐姐，你可以亲亲哥哥/姐姐，而不要拍打哥哥/姐姐，不然哥哥/姐姐一定会感到很疼的。你看，妈妈喜欢你的时候，也会亲你，或者抱抱你，对不对？"也许，这样说一次两次，二宝还是不能掌握正确的表达方式，但是，坚持的时间久了，二宝就能渐渐学会如何表达对哥哥姐姐的喜爱。此外，父母还可以亲自为二宝进行示范，告诉二宝亲吻、拥抱等方式是更好的传情达意的渠道。

当然，父母不但要从教育二宝着手，还要从关注大宝的情绪感受着手。例如，可以问问哥哥或者姐姐："你们能接受弟弟/妹妹高兴的时候就来拍打你们一下吗？"如果哥哥或者姐姐并不反感弟弟或者妹妹这样的表达方式，那么父母也无须过分紧张和担忧。也许，在孩子们之间，这样的拍拍打打就是传情达意的好方式，是无伤大雅的。当然，父母也要引导大宝保护自己的利益，应该告诉大宝："如果你不喜欢弟弟/妹妹这样的表达方式，你可以告诉爸爸妈妈，也可以适当告诉弟弟/妹妹。如果弟弟/妹妹在接到你的警告之后还是打你，你还可以以合适的力度打回去，反击弟弟/妹妹，当然，反击的举动必须在爸爸妈妈的监护下。"虽然打回去这个方法不是好方法，但是，运用在屡教不改的弟弟妹妹身上，效果是显著的。

当然，二孩家庭里，孩子们之间的矛盾和纷争，一定会成为家庭生活的重要内容。对于父母而言，要想协调好两个孩子的关系，加深两个孩子的感情，无疑是需要付出极大努力的。随着孩子不断成长，父母对于孩子的认知也会越来越深入，就会发现每个孩子都是独特的生命个体，都是不可取代的。在与孩子相处的过程中，父母一定要因人制宜，对每个孩子有的放矢。实际上，父母无须关心哪个孩子占了便宜哪个孩子吃了亏，因为每个孩子在走上社会之后都会面临比手足相处更加严峻的考验。在正式步入社会之前拥有与手足相处的经验，对于孩子而言何尝不是进入社会之前的演习呢？又何尝不是一种幸运呢？

父母要为孩子营造自由自在的相处环境，让孩子建立和拥有最真实的手足关系，并面对最真实的自己。与人相处的过程，对于孩子而言也恰恰是成长的过程。在人际相处的过程中，孩子不断地成长，也可以随时修正自己的行为模式和态度，并在接连不断的人际矛盾之中找到最好的方式接纳自己、与他人友好相处。这样的进步，是父母一味地说教所不能给孩子的，对于孩子而言是宝贵的人生经验的积累，也是深刻的人生感悟的获得。

面对大宝的抱怨，妈妈怎么办

对于父母来说，在享受二孩给自己带来的对于新生命的感动之际，在逐渐体会到一家四口的幸福完美之际，一定不想听到大宝的抱怨：你们都不喜欢我，我讨厌你们！父母即使沉浸在喜悦之中，面对大宝这样的抱怨，也会猛然感到心惊胆战。这是因为，父母在欢迎二宝到来之际，实际上已经开始担心大宝和二宝的相处问题、父母的爱如何分配的问题。当这些担忧变成现实的难题横亘在眼前，纵使父母已经作好心理准备，也还是会感到无法应答，甚至不知道应该如何面对。

被夹在大宝和二宝之间的妈妈，此时此刻一定感到非常心疼大宝，也觉得对不起大宝，但是，面对嗷嗷待哺的二宝，妈妈同样感受到手心手背都是爱的疼惜。不可否认，在有了二宝之后，妈妈陪伴大宝的时间的确大大减少，精力的限制，也让妈妈难以像以前那样全身心投入地爱大宝。甚至，有些心力交瘁的妈妈在抚育幼儿的同时，希望大宝马上就能变得自立自强，不需要在遇到很多问题的时候再来烦扰妈妈。与此同时，妈妈也自欺欺人地以为大宝还小，不会留意到这些细节的改变，甚至在大宝抱怨的时候试图纠正大宝真实的感受："妈妈很爱你，妈妈和以前一样对待你，没有任何改变。"遗憾的是，大宝的感觉很敏锐，他丝毫不会因为妈妈的掩饰而忽视自己的感受。

每个人都有趋利避害的本能，很多父母在试图平衡两个孩子之间关系的时候，也企图以掩饰的方式改变大宝的感受。但是，大宝的感受是真实存在的，是不不容忽视的。对于心中的疑惑，大宝更想得到父母正面的解释，而不想被父母敷衍了事。父母与其逃避这些客观存在的改变，不如勇敢地向大宝承认：一切的确不一样了，但是我们依然爱你，你是我们最爱的宝贝。这样的回答，反而更容易让大宝接受。

面对大宝的愤愤不平，父母还可以向大宝求助，从而减轻大宝心中对于父母的不满。妈妈可以适度对大宝示弱："宝贝，自从弟弟/妹妹出生，妈妈的确需要花费很多的时间照顾弟弟/妹妹，不过你放心，这样的生活很快就会过去。弟弟/妹妹会长大，以后爸爸妈妈可以陪你，弟弟/妹妹也可以陪你。妈妈很开心你能把你的感受说出来，你可以帮助妈妈一起照顾弟弟/妹妹，和妈妈一起等着他长大吗？如果你想要妈妈更多的陪伴，你随时可以来找妈妈，妈妈一定会满足你的。"在这样的安抚下，大宝的内心会渐渐地恢复平静，也会体谅到妈妈的辛苦。

在成为二孩妈妈之后，面对大宝的抱怨，很多妈妈都会感到迷惘，甚至会觉得愧对大宝。实际上，每个妈妈都曾经经历过自我怀疑，也因为不自信而对自己的未来感到忐忑。妈妈要知道，没有人天生就会当父母，在上岗当父母之前，谁都没有经历过培训。对于二孩妈妈来说，即使有过养育大宝的经验，也不可能把教养大宝的经验完全照搬到二宝身上，毕竟二宝是又一个独立的生命个体,是与大宝完全不同的。所以,妈妈先生养大宝,再生养二宝,就相当于经历了两次新生和成长。妈妈要怀着和大宝携手并肩进步的姿态,成为大宝的领路人,带领大宝更加迅速地成长。

意大利著名教育家蒙台梭利曾经说过,儿童是成人之父。父母不但是儿童的监护人和引领者,也是儿童的陪伴者。勇敢的妈妈要和大宝携手并肩,承担起妈妈应该承担的责任,并直面大宝的抱怨。唯有理智面对问题,勇敢解决问题,才能让孩子在成长过程中有更好的发展和未来。

当大宝质疑为何二宝不用上学

大多数家庭里,二宝出生的时候,大宝往往已经三五岁了。为此,当二宝满地跑着玩的时候,大宝已经到了入学的年纪。一旦进入小学阶段,大宝每天都要按时起床,睡眼惺忪地洗漱吃早饭,然后奔向学校。看着二宝还可以在温暖的被窝里惬意地酣睡,大宝早就忘记自己小时候也这样无忧无虑,而是生出疑问:为什么弟弟/妹妹不用上学呢?尤其是现代社会,父母非常重视早教,在孩子读幼儿园期间,为了培养孩子的兴趣爱好,也为了避免孩子输在起跑线上,往往会给孩子报名参加各种各样的兴趣班、补习班、特长班,却完全不考虑孩子真正的兴趣爱好和感受。看着只比自己小一些的弟弟/妹妹无忧无虑地玩耍,大宝心中未免感到愤愤不平。面对大宝的质疑和抱怨,父母应该如何帮助他们平复心情、保持内心的平衡和良好的情绪呢?

其实,抱怨学习任务过于沉重、课外班太多,这种情况绝非只出现在二孩家庭里。哪怕是独生子女，面对繁重的学习任务和沉重的学习压力，孩子也会感到内心不平衡。尤其是对于学龄前的孩子而言，他们感受到学习的压力时，常常会做出各种过激的举动，例如，发脾气、假装生病逃避去学校、抱怨爸爸妈妈是"法西斯"等，都有可能发生。在真正进入学龄阶段之后，孩子与父母的关系也会发生质的转变，亲子关系由此变得全然不同。为了给予孩子一定的心理准备，父母要抓住学龄前的轻松环境，与孩子建立彼此信任的关系，也要秉承自由发展的原则，让孩子拥有更加快乐充实的童年。唯有如此，在孩子进入学龄阶段之后，父母才可以有的放矢地引导孩子接受学习，安排好生活的节奏，并平衡自己的内心。

进入小学阶段之后，乐乐感受到很大的压力。每天清晨，他还没有睡醒，就要被爸爸妈妈从床上提溜起来，洗漱吃饭，然后按时去上学。每天下午好不容易盼着放学回到家里，他又被父母要求不能玩耍，必须马上写作业。在被父母这样紧盯着的状态下，乐乐觉得心情很烦躁，忍不住抱怨："为什么甜甜不用上学，每天都可以玩，我却非要去上学呢？"妈妈不假思索地回答："你小时候也是这样天天吃喝玩乐，现在到了该上学的年纪就必须上学，而且甜甜长到你这么大的时候也要去上学，不能留在家里。只有上学，才能掌握文化知识，才会有好的生活。"然而，这样说了几次之后，妈妈发现乐乐并没有接受，依然怨声载道，尤其是看到甜甜无忧无虑玩耍的时候，他更是抓耳挠腮，恨不得不需要上学和写作业才好呢！

看到这条路走不通，妈妈又想到另外一条路。正巧，学校里要组织秋游活动，乐乐从未参加过秋游，因而非常兴奋。妈妈为了配合乐乐，

还专门带着乐乐去超市采购了很多零食、水果和饮料，又起了个大早精心准备了寿司给乐乐带去秋游，让他和老师以及同学们一起分享。秋游回来，乐乐高兴极了，对妈妈说："妈妈，秋游太好了。老师让我们手拉手一起走，还给全班同学合影呢！"妈妈以夸张的语气羡慕地说："你可太幸运了，不知道甜甜什么时候才能长大，也可以像你一样去秋游呢！"乐乐带着小骄傲，说："哈哈，甜甜太小了，不能去秋游，只有像我这么大的小朋友才能去秋游。"妈妈赶紧补充："是啊，不但要像你这么大，还要像你一样去上学，才能秋游呢！"乐乐连连点头，说："妈妈，我似乎有点儿喜欢上学了。"

有了这次秋游的经历，妈妈趁热打铁，赶紧引导乐乐发现上学的好处。有的时候，看到乐乐学习辛苦，妈妈还会给予乐乐额外的奖赏。渐渐地，乐乐不再羡慕甜甜不用上学，而是积极地融入学校生活，也发自内心地爱上了学校生活。

尽管父母都提倡让孩子自由快乐地成长，但是，一旦走入学校，孩子的学习生活就要以学校的规律和节奏为准。尤其是在加入家长群之后，父母面对家长群里每天炮轰式的信息，更是会情不自禁地把自己家的孩子与别人家的孩子进行比较。由此一来，父母几乎全军覆没，进入教育焦虑状态。其实，要想让大宝减轻对于二宝不用上学的嫉妒和质疑，父母就要摆脱教育焦虑，尽量安排好大宝的学习生活。当大宝更多地感受到学习的成就感，也领会到集体生活的快乐时，他们就会以学习为荣，而不会羡慕弟弟/妹妹每天留守在家的生活。

如果说作为独生子女的孩子少了一个参照物，那么，作为二孩家庭里的老大，当对学校的生活感到厌倦乏味和抵触的时候，大宝就会因为拥有参照物而更加冠冕堂皇地厌恶学校生活。尤其是当家里的两个孩子年纪相差很大，彼此正处于不同的成长阶段时，这样的对比会更加鲜明。在这种情况下，除了让大宝发自内心地爱上学习之外，还有什么好办法呢？哪怕告诉大宝他小时候也曾经和弟弟/妹妹一样无忧无虑，也只是治标不治本的暂时应对方法。只有想方设法帮助大宝释放压力，让大宝发自内心爱上学习，才能彻底解决问题。

第 06 章

关注大宝心理：妈妈的爱没有变

很多父母，每当想要和孩子讲道理的时候，总是话还没有说出口，就先深深地叹息一声。这是因为父母觉得孩子小，理解能力有限，也不懂得道理，因而误以为与孩子讲道理一定是对牛弹琴。其实不然。只要父母多多关注孩子的心理状态，就会发现孩子的情绪感受非常敏锐。因而父母不要小瞧孩子，而应把孩子当成平等的交往对象去对待，尊重和理解孩子，也把爱传达给孩子，这样才能让孩子知道妈妈的爱始终没有改变，从而赢得孩子的信任。

孩子虽小，也能理解道理

当父母误以为孩子不懂道理的时候，孩子已经悄悄地开始懂道理。认为孩子不懂得道理、说不通道理，只是父母的误解。当然，孩子心智发育不够成熟，人生经验匮乏，所以他们无法完全理解父母所说的道理，这是在所难免的。但是作为父母，在可以和孩子讲道理的时候，我们一定要尽心尽力地给孩子讲述道理，唯有如此，孩子才能从完全不懂道理到逐渐理解道理，再到完全理解道理。有些父母在孩子小时候从不屑于和孩子讲道理，正是这样的态度，导致孩子从小就没有机会接触道理，长大之后自然也不懂道理。所以，与其羡慕别人家的孩子通情达理，父母不如在孩子小时候就向孩子灌输正确的道理，这样孩子才能在道理的熏陶下成长。

大多数作为独生子女的孩子都很抗拒弟弟妹妹的到来，可也有些孩子是很期待家里有个弟弟妹妹可以与自己一起玩耍的。有的时候，他们也会忍不住请求妈妈："妈妈，你可以给我生个小妹妹吗？我们幼儿园里的一个同学就有个小妹妹，特别好玩。"听到孩子这么说，妈妈很有可能厌烦地说："你以为弟弟妹妹是你的玩具吗？"这样一句话很容易说出口，妈妈却不知道这句话会对孩子造成心灵的伤害。原本，他们对于弟弟妹妹的到来满怀憧憬，此时此刻，却有些抵触弟弟妹妹的到来。

明智的妈妈会借此机会激发孩子对于弟弟妹妹的爱，她们会告诉孩子："的确，弟弟妹妹特别可爱呢！妈妈也很想给你生个弟弟或者妹妹，不过，这要看我们有没有好运气啦！"有了妈妈的这句话，孩子一定会非常憧憬弟弟妹妹的到来。

渐渐地，孩子一天天长大，如果看到妈妈的身体没有变化，弟弟妹妹没有如约来报道，他们就不会再提起这个话题。在期待的过程中，如果看到妈妈的身体发生改变，他们一定会非常欣喜地迎接弟弟妹妹的到来。这样一来，爸爸妈妈也就无须为对大宝进行心理建设而烦恼。

其实，若孩子想要弟弟妹妹，不管父母是否有这样的计划，最重要的是与孩子之间有共鸣，能够认可孩子的情绪感受。曾经有心理学家经过研究发现，能与父母产生共鸣的孩子，在情绪的控制能力方面会表现得更好。或者，如果父母真的怀上二孩，大宝也会水到渠成地接受二孩的存在和到来。当大宝对于妈妈肚子里的二孩产生浓厚的兴趣时，妈妈还可以借此机会培养大宝对于二孩的爱，让大宝感受二孩的胎动，让大宝给尚且在妈妈肚子里的二孩讲故事，这都是促进手足感情的好方式。

还有一件事情非常神奇，那就是当爸爸妈妈对大宝进行引导的时候，他们所说的每一句话和内心油然而生的感情，也会传递给肚子里的二宝。如今，很多年轻的妈妈都热衷于对肚子里的胎儿进行胎教，实际上最好的胎教就是让胎儿感受到妈妈平和的情绪，令其对于外界的信息有所感应。这样一来，岂不是同时教育了大宝和二宝，且加深了亲子关系和感情，让整个家庭都进入了和谐融洽的氛围吗？

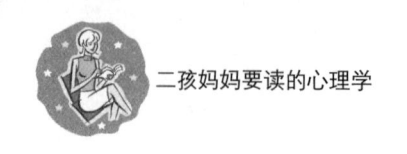

妈妈的情绪会影响孩子

对于孩子而言，最幸运的是什么？不是出生在有权有势的人家里，也不是一出生就含着金汤匙，过着衣食无忧的生活，而是拥有一个情绪平和的妈妈。有人说，妈妈的情绪决定了全家人的生活状态，这样的说法是很有道理的。在一个家庭里，如果妈妈情绪平和愉悦，整个家庭都会拥有良好的生活氛围；与此相反，如果妈妈的情绪暴躁不安、非常紧张，则整个家庭的生活都会变得紧张局促，甚至手忙脚乱。尤其是孩子还小，缺乏独立的思考和判断能力，所以妈妈的情绪对于他们的影响更大。

通常情况下，在一个家庭里，当孩子年幼的时候，因为妈妈主要承担照顾和教育孩子的重任，所以，相比起爸爸的影响力，妈妈的影响力更大。有些妈妈也许对此不以为然：孩子那么小，哪里知道什么是情绪呢？不得不说，这么认为的妈妈一定不了解人的心理特点和状态。从心理学的角度而言，每个人的内心都是一个信号接收器，总是能够接收到来自外界的各种信息，其中当然就包括情绪和情感的变化。

人是感情动物，每个人的情绪情感都是非常敏感细腻且变化丰富的，诸如，每个人都会感受到喜悦和幸福，也会感到紧张和焦虑。大多数人在听到这样或那样的情绪表达时，内心都会有一定的感知能力。孩子在小的时候，接收器始终对着妈妈打开。对于妈妈的一举一动、一颦一笑，都有着敏锐的感知能力，哪怕是妈妈的情绪有细微的变化，孩子也会当即感觉到。看到这里，也许有些爸爸会有意见：爸爸对于孩子也是非常重要的，为何孩子的接收器只对着妈妈打开呢？不得不说，从生

理的角度而言，孩子本身就与妈妈更加亲近。在整个怀胎十月的过程中，孩子在娘胎里感受着妈妈的情绪波动，对于妈妈的声音、心跳都非常熟悉。曾经有人经过实验证实，当婴儿处于烦躁的啼哭状态时，一旦妈妈把他们抱在怀里，让他们贴着妈妈的胸口，听到妈妈那熟悉的心跳声，他们就会马上恢复稳定情绪，停止哭闹。因此，可以说，在幼年阶段，孩子的情绪步调和妈妈是保持一致的。妈妈心情愉悦，孩子就会感到放松。妈妈心情紧张，孩子也会陷入焦虑和无所适从之中。

对于准二孩妈妈来说，要想帮助大宝接受二孩，就要怀着愉悦的情绪，而不要总是怀有紧张焦虑的情绪、总是担心——"我能抚养好更多一个孩子吗？我可以更好地爱两个孩子吗？我会因为劳累而对孩子极其不耐烦吗？"若妈妈怀有这样的忧思，就会在不知不觉间把负面的情绪传递给大宝，这样一来，大宝自然会对二宝的到来感到担忧：没有弟弟或者妹妹之前，妈妈多么幸福，全家都很幸福，有了弟弟或者妹妹，家里的生活就会改变，妈妈也变得辛苦，这可怎么办呢？这都是因为妈妈的负面情绪对于大宝产生了消极影响，甚至让原本对于二宝到来欢天喜地的大宝也情不自禁地陷入忧愁和焦虑之中。有了这个不好的开始，等到二宝真正降生，大宝也很难与二宝有一个好的开始去相处和彼此包容、相亲相爱。

心理学上有积极的心理暗示和消极的心理暗示之分，作为准二孩妈妈，你要在孕育新生命的时候满怀欣喜，也要发自内心地以喜悦迎接新生命的到来。当感到犹豫不决或者忐忑不安的时候，就要对自己进行积极的心理暗示，这样一来，不但可以以良好的情绪给大宝积极的影响，也可以对肚子里的二宝进行胎教。当然，准二孩妈妈一定不要孤军奋战，在觉得疲惫或者心力交瘁的时候，不妨向爸爸求助，让爸爸与大宝更加亲密接触，并时常和肚子里的二宝进行积极的沟通，且更加全方位关注辛苦挺着孕肚的妈妈，这样才能让全家人都满怀憧憬，迎接二宝到来。

全心全意享受迎接新生命的喜悦

当准二孩妈妈摒弃焦虑和担忧，全新全意享受迎接新生命的喜悦时，大宝也会受到妈妈积极情绪的影响，对于二宝的到来怀着积极的态度。对于准二孩妈妈而言，不要因为觉得身体笨重、想要清净就疏远大宝，而是应该在肚子越来越大的时候与大宝越发亲近，与此同时，也让大宝与肚子里的弟弟或者妹妹更加亲近。每天，妈妈都可以让大宝亲密抚摸肚子里的弟弟或者妹妹，也要告诉大宝他们即将晋升为哥哥或者姐姐。这样日久天长，大宝就会非常憧憬当哥哥姐姐，在隔着妈妈的肚皮感受到新生命的胎动时，他们小小的心灵甚至会非常感动：弟弟妹妹已经会动了，生命太神奇了！细心的妈妈会注意到，当胎儿开始动的时候，大宝的眼睛里闪耀着惊奇的光！

借着这样千载难逢的机会，妈妈可以引导大宝畅想二宝的模样，甚至可以让大宝想象等到二宝出生之后如何与二宝尽情地玩耍。当然，若能亲眼见证二宝出生的过程，大宝对于自己的来路也会有更加清醒的认知，他们会问妈妈：妈妈，我也是从你的肚子里生出来的吗？这不正是一个对孩子进行早期性教育的好时机吗？在知道生命的起源和诞生的历

程之后，孩子就不会再觉得生命有过分的神秘感，而是可以接受生命的自然现象，也能够理解生命的神奇过程。尤其是在知道自己和弟弟或者妹妹一样都曾经在妈妈的肚子里待了那么长时间后，他们对于弟弟或者妹妹的感情也会更加深厚。

准二孩妈妈的肚子已经非常大啦，再有两个月就到预产期。即使身怀六甲，妈妈也没有疏远大宝小薇，而是每天都和小薇一起感受肚子里的宝宝，也给小薇一定的时间和肚子里的宝宝说话。

有一天，妈妈胎动非常频繁，因而妈妈对小薇说："小薇，宝宝在妈妈的肚子里玩呢，你想和他一起玩吗？"小薇当即瞪大眼睛："我可以和他一起玩吗？"妈妈点点头。在妈妈的指导下，小薇以轻轻的力气拍了拍妈妈左侧的肚皮，才一会儿之后，宝宝果然用脚踢了踢妈妈左侧的肚皮。小薇觉得太神奇了，露出不可思议的表情。这个时候，妈妈又让小薇轻轻拍了拍右边的肚皮，让小薇感到神奇的事情发生了——没过多久，宝宝开始踢妈妈右边的肚皮。就这样，妈妈的肚皮一会儿左边鼓起来，一会儿右边鼓起来，小薇还趴在妈妈的肚皮上和宝宝说："宝宝，我是你的姐姐啊，你什么时候才会出来和姐姐一起玩呢？姐姐很爱你，很期待你的到来。"对于肚子里是男宝还是女宝，小薇和妈妈有一样的态度：不管是男宝还是女宝，都是受欢迎的宝贝，都是最好的宝贝。

这样和大宝一起感受肚子里的宝宝，对于妈妈而言，是一项有益身心的活动，不但可以拉近与大宝的关系，增进与大宝的感情，也可以提前培养大宝和二宝的感情，也有利于大宝接受和真心喜爱二宝。所以，妈妈应该怀着对于二宝的爱，经常和大宝一起进行这样有益身心的活动，以激发大宝心中对于二宝的爱。

妈妈的情绪如何，不仅大宝会接受到，肚子里的二宝也会感知到。明智的妈妈有着既来之则安之的坦然，不会因为二宝的到来而感到心情焦虑和紧张，更不会把这种不确定的感觉传递给大宝。唯有妈妈情绪平和，大宝才能心情愉悦，也唯有妈妈情绪平和，二宝在妈妈肚子里才能健康快乐地成长。所以，要想成为俩宝的好妈妈，就要从成为情绪平静愉悦的妈妈开始做起。

每天都抱抱，给孩子温暖

在有了二宝之后，即使二宝没有出生，爸爸妈妈也会提前给大宝打预防针："妈妈马上就要生小弟弟或者小妹妹了，你作为哥哥/姐姐，一定要懂事乖巧，不要总是吵闹妈妈，而是要学会照顾妈妈。等到小弟弟或者小妹妹出生了，你还要做他的榜样，让他向你学习。当然，你也要让着他，谁让你比他大呢！"可怜的老大，在二宝还没有出生的时候，就被父母施加各种压力、提出形形色色的要求。难道，因为二宝的到来，老大就要瞬间长大吗？对于老大而言，这无疑是不公平的。

虽然前段时间针对是否要二孩的事情闹得沸沸扬扬，也有很多人都批评老大太过自私，不能容纳兄弟手足，但是，在真正决定要二宝之后，父母还是要把老大当孩子看待，而不要因为有了二宝就在无形中对老大提出过高的要求。孩子再大，也是孩子，只要没有成年，他们就常常需要在父母面前撒娇，也需要得到父母的宠爱和照顾。父母有了二宝后，每天不妨抱一抱老大，这样才能让老大切实感受到来自父母的温暖和疼爱。

遗憾的是，很多父母对于孩子对爱的渴望不以为意。有的时候，哪怕老大求抱抱，父母也会漫不经心地对老大说："你都多大了，为何不能独立呢？你要当弟弟的好榜样啊，不要这样黏妈妈。"听到这番话，老大心中未免感到很失落，曾经总是宠溺地疼爱我的爸爸妈妈呢？曾经经常抱着我的爸爸妈妈呢？父母也会喊冤叫屈：时间和精力有限，的确无法顾及每一个孩子，更不可能在二宝出生之后一如既往地对待老大。不得不说，即使很难，父母也务必做到这一点，因为，唯有如此，老大才能与二宝有更好的开端去相处，而不会误以为是因为老二的到来才使得自己失去父母很大一部分的爱。

爱，是一种抽象的感情，是取之不尽、用之不竭的。二宝的出生，父母花费在大宝身上的时间和精力也许会减少，但是他们对于大宝的爱丝毫不会减少。想要给予孩子同样被爱的体验，父母未必要保证以同样的时间和精力照顾大宝，而是可以在细节方面给予大宝无微不至的关照，让大宝切实感受到父母确定无疑的爱。细心的父母会发现，很多时候，大宝之所以嫉妒二宝，并不是想得到和二宝一模一样的待遇，而只是因为失去安全感，所以才再三确定父母的爱不曾改变。从这个角度而言，如果父母的爱能让大宝得到安全感，那么大宝就会渐渐地接纳和喜欢二宝，而不会对二宝心怀抵触。

民间有句俗话，十个手指头咬起来，各个都疼。这充分说明，一个妈妈即使生养十个孩子，也不会因为把爱用尽了而对某一个孩子没有爱。爱孩子，是妈妈的本能，妈妈既然把孩子生出来，就会全力以赴地

爱孩子。

若妈妈真的觉得身心俱疲，没有多余的精力更好地爱孩子，则可以主动向爸爸求助，让爸爸在妈妈疲惫的时候更多地陪伴孩子，给予孩子爱的抱抱，甚至陪着孩子睡觉。如果爸爸在育儿的家庭重任中发挥更多的力量，就可以帮助妈妈分担更大一部分负担，也会让妈妈收获更好的育儿体验。

从心理学的角度而言，很多孩子之所以顽皮吵闹，是想吸引妈妈的注意力，确定妈妈对于他们的爱。因此，有两个孩子的妈妈不妨每天都分别抽出十分钟的时间陪伴孩子。在这十分钟里，妈妈要完全屏蔽外界的影响，全心全意地与眼前这个孩子相处，并给予这个孩子所有的爱与呵护。这样一来，孩子得到了妈妈所有的爱，会感到内心笃定，情绪也会更加稳定。拥有安全感的孩子，不会因为惴惴不安而故意做出调皮捣蛋的行为，而是会更加友善，且能够友好地与兄弟姐妹相处。所谓磨刀不误砍柴工，当妈妈分别安抚好孩子的情绪之后，孩子也会变得更加乖巧，与手足相处时的状态自然也会更加稳定，而矛盾也会随之减少。坚持每天分别给每个孩子十分钟，这就像是一种感情投资，最终会从孩子那里得到丰厚和令人喜出望外的回报。

相信大宝的内心感情丰富细腻

记得在一部电视剧里，丈夫在陪产过程中亲眼目睹妻子生产的过程之后，因为受到过于强烈的刺激，以致在妻子生产几年之后的时间里始

终留有心理阴影，无法与妻子正常进行夫妻生活。现代社会，随着各种观念的开放，很多妻子为了让丈夫亲自见证女性生育的伟大，会要求丈夫进入产房陪产。然而，即使作为七尺男儿，每个男性的心理承受能力也是不同的。在陪产之后，有的男性说："女人真的太伟大了，所以才能孕育生命，从此以后我要爱我的老婆。"也有的男性就像电视剧里留下心理阴影的丈夫一样，尽管感恩母亲的伟大，却从此之后无法进行正常的夫妻生活。因此，针对是否让丈夫进入产房的问题，每一对夫妻都应该认真慎重地考虑，妻子尤其要考虑到丈夫的心理承受和接受能力，不可为了凸显自己的伟大而强迫丈夫必须陪产。

对于丈夫是否陪产，有很多妻子会陷入误区，觉得只有心中有真爱的丈夫才会陪产，反之，如果丈夫不能心甘情愿地陪产，则意味着丈夫心中没有真爱。其实不然。是否陪产，取决于丈夫的观念与是否真爱没有必然的关系。现代社会，也有一些观念比较先进的妈妈，受到西方思潮的影响，不但要求丈夫进入产房陪产，如果家里有大宝，也允许大宝进入产房陪产。不得不说，丈夫作为成年男性尚且不一定能接受生产的过程，老大作为年幼的孩子，就一定能够接受吗？对此，很多妈妈给出理由：让老大陪产，可以让老大在陪伴妈妈经历漫长的孕期生活之后，亲眼见证妈妈生产的过程，对于老大来说，虽然不知道妈妈生育自己有多么辛苦和危险，但是，通过见证弟弟或者妹妹的出生，正好弥补了这个空白；让老大见证弟弟或者妹妹出生的瞬间，有利于激发老大对于弟弟或者妹妹的爱，让老大深刻体验到手足情深的道理，并更加敬畏生命……这些道理都是无可指责的，但是不足以支撑让老大进入产房接受生命教育这个命题的成立。

老大是否进入产房陪产，必须征求老大自身的同意。当然，对于年幼的孩子，可以直接否定这个方案，因为生产的场景很可能让他们心生恐惧。如果老大已经比较大，也有一定的思考能力，那么父母要与老大商量取得一致，而不要单纯为了教育孩子、加深孩子对于生命的体验和感悟而强求孩子进入产房。如果孩子与父母关系很好，也愿意亲眼见证妈妈生育弟弟或者妹妹的过程，并且可以做到在妈妈感到痛苦的时候给予妈妈力量，那么，这样的陪产经历对于老大的成长就会起到积极的作用；反之，这样的经历只会给老大内心带来阴影。如果父母没有经过慎重思考，也没有与老大协商一致，就强求老大进入产房陪产，那么对于老大的心理伤害一旦形成，就会对老大的一生都产生消极的负面影响。所以，父母必须慎重对待让老大陪产的事情，也要在生产过程中密切关注老大的情绪变化，从而及时照顾到老大的情绪感受。

很多父母总是误以为孩子还小，对于情绪感受的感知能力没有那么强，其实，孩子的情绪感受能力是非常好的，他们可以敏锐觉察到父母情绪和态度的改变。因此，父母要把孩子当成感情细腻的人去对待，尤其是对于大宝，更要照顾到他们的情绪状态。当二宝出生之后，父母要尽早让大宝抱一抱。很多父母担心大宝毛手毛脚、不分轻重，会伤害到娇嫩的二宝，其实，这样的亲近与抚触，对于两个孩子未来建立良好亲密的关系很有好处。就像现在在医院里生产，在孩子出生的第一时间，护士就会抱着孩子过来贴近妈妈的脸颊，令其与妈妈亲密接触。除了妈妈和爸爸，大宝就是二宝在这个世界上最亲近的人，父母理应让大宝更加亲近二宝，也第一时间亲自拥抱二宝、感受二宝。这对于丰富大宝二宝之间的感情、拉近大宝二宝之间的关系有很大的好处。

很多妈妈在有了二宝之后，即使大宝还很小，也会决定让大宝和爸爸睡觉或者在爷爷奶奶的照顾下睡觉。不得不说，这是非常失策的决定，一定会让大宝误以为自己失去妈妈的爱抚都是因为二宝的降临。因而明智的妈妈会在二宝出生的一段时间里继续让大宝留在妈妈的身边睡觉。这样一来，尽管妈妈同时照顾两个宝贝非常辛苦，但是可以维护大宝的安全感，与此同时，也可以让大宝在和弟弟或者妹妹一起陪伴在妈妈身边的时候，感受到浓烈的手足深情。当大宝确定妈妈即使在有了弟弟或者妹妹之后也会一如既往地爱他，大宝就会感到非常安心、非常踏实，自然也就会和妈妈一起爱和呵护弟弟或者妹妹。由此一来，其乐融融、相亲相爱的家庭氛围再次形成，父母在处理俩宝之间的关系时也会更加轻松。

妈妈，不要爱谁更多一些

当家里不止有一个孩子，横亘在妈妈面前的难题就是，爱谁更多一些，爱谁更少一些，或者如何平衡对每个孩子的爱。不得不说，这是对妈妈的挑战，也是让二孩妈妈常常感到抓狂的重要原因之一。对于妈妈来说，是无法把爱如同商品那样放在秤上称重，精确到小数点后面若干位数字的。爱是虚幻的感情，也是实实在在的付出，爱可以变成切实的关心和照顾，却没有可能被完全量化。所以，妈妈对于每个孩子的爱，不可能做到绝对地公平。当了二孩妈妈后，有很多妈妈都会怀念曾经的好时候——只有一个孩子的时候，妈妈可以大张旗鼓地昭告天下："我为了我的孩子付出了所有，孩子就是我最深爱和最珍视的人。"然而，当有了不止一个孩子之后，别说懂事更多的大宝会质疑妈妈是否减少了对自己的爱，就连妈妈自己也忍不住问自己：我是否和以前一样爱大宝呢？我对于两个孩子的爱是同等分量的吗？

即使有着同一个妈妈，每一个孩子也是独一无二的生命个体，或者，即使是同卵双胞胎，两个孩子看起来一模一样，实际上也是完全不同的。既然如此，父母肯定会有所偏好。例如，对于长得漂亮的孩子，父母忍不住喜欢；对于乖巧懂事的孩子，父母忍不住给予很高的评价；对于学习好的孩子，父母忍不住高看一些……这么多的忍不住，让父母对于自己生养的不同孩子，会带有不同的感情。但是，妈妈的爱就算有小小的差异，爱的本质也是相同的，是没有改变的。

很多二孩妈妈都会有意识地更爱大宝一些，因为她们觉得二宝的出生分走了大宝从父母那里得到的爱，所以她们难免对于大宝心怀愧疚。也有一些二孩妈妈觉得二宝更加娇弱，因而会偏爱二宝一些，也会在两个孩子发生矛盾和冲突的时候情不自禁地把内心的天平倾向于二宝。实际上，两个孩子正处于不同的成长阶段，妈妈的爱也会与时俱进地发生改变。例如，对于学龄阶段的大宝，妈妈更加关心大宝的学习和成长，也会有意识地带着大宝四处走走看看，拓宽大宝的眼界；对于尚在襁褓之中的二宝，妈妈会从吃喝拉撒等方面满足二宝的需求，也会因为二宝的娇弱和柔嫩，更加小心翼翼对待二宝。这样看来，妈妈对于大宝的要求更高，而对于二宝则处于溺爱的状态。其实，这只是妈妈在以不同的方式给予不同成长阶段的孩子不同的爱，是无可厚非的。

大宝随着不断成长，会渐渐地脱离父母的照顾和无微不至的关爱，

这时妈妈才会把重心转移到二宝身上，根据二宝的脾气秉性，对二宝展开教育和引导，并对于二宝在学习方面的表现提出要求。不得不说，这是妈妈根据孩子的需求，在以恰到好处的方式给予孩子爱的满足。

妈妈对孩子，无所谓爱得更多或者更少，如果两个孩子是双胞胎，妈妈就可以在同一时间给予他们同样的爱与关照，不偏不倚。而如果两个孩子处于不同的成长阶段，妈妈只能根据每一个孩子身心发展的需要，有的放矢地爱孩子，满足孩子对于爱的需求和成长的需要。

每个孩子都是造物主赐予妈妈的天使，孩子的出现让妈妈作为女人的一生更加完整，这是因为，妈妈在抚育孩子成长的时候，绝不仅仅是陪伴孩子那么简单，妈妈也会随着孩子成长的脚步不断地提升和完善自我，让自己变得更加成熟睿智。看着孩子渐渐长大，妈妈也会在人生之中寻找到新的方向，发现人生崭新的意义和乐趣，这是妈妈在抚养孩子的过程中最大的收获！

手足，是孩子真正的终身伴侣

新生儿的降临，必然给每一个家庭带来翻天覆地的变化，爸爸妈妈一定还记得第一个孩子出生时的惊奇和喜悦。转眼之间，已经有了当父母经验的他们，又迎来了第二个孩子的出生。这一次，因为有了迎接第一个孩子的经验，他们多了些喜悦，而少了些惊奇。看着和小时候的老大颇有几分相似的老二，相信每一对爸爸妈妈心中都会感到由衷地安慰：即使父母老去，你们作为手足也能相依相伴。

的确，父母再爱孩子，也不可能永远陪伴在孩子身边，更不可能永远庇护孩子成长。爱人之间爱得情深意切，却要等到缘分到来才能相识，也可能会在缘分散尽之后形同陌路，所以，真正能够陪伴孩子一生一世的，只有兄弟姐妹，只有手足之情。有多少父母下定决心承受巨大的压力要老二，只是为了让孩子多一个手足，即使走到人生暮年，孩子也能有同胞的兄弟姐妹可以相互依靠和扶持。

然而，孩子小时候并不能理解父母的苦心，他们常常因为弟弟或者妹妹的出生而对爸爸妈妈心怀嫌隙，觉得爸爸妈妈一定是不爱自己，所以才会要一个新的孩子。等到弟弟妹妹渐渐长大，他们又因为爸爸妈妈在处理他们兄弟姐妹间的矛盾时不能做到他们心目中的公平公正而指责爸爸妈妈失之偏颇，有所偏爱。实际上，这些都冤枉了爸爸妈妈。现代社会生存压力如此之大，除非是为了唯一的孩子考虑，否则，有多少父母愿意再生养一个孩子，导致自己压力山大呢？还有很多年轻的父母决定"丁克"，享受自由自在、潇洒惬意的二人世界，而不愿意为了养育孩子吃苦受累。所以，很多二孩父母，在萌生生养二孩的想法之初，只是为了让孩子多个伴，拥有"终身伴侣"的陪伴。

随着二孩的出生，父母还要面对更多的冲突与矛盾。不管作为哥哥姐姐的老大多么欢迎弟弟或者妹妹的到来，不可避免地，在成长的过程中，他们会频繁地与弟弟或者妹妹之间发生矛盾与冲突。曾经有人进行过粗略的统计，两岁到七岁的兄弟姐妹之间发生矛盾的频率在每小时六次之多，而在三岁到七岁的兄弟姐妹之间，每小时发生矛盾的频率也高达三次之多。正因为如此，很多家有二孩的父母才无奈地抱怨：俩孩子就不能在一起玩，否则十分钟肯定就打起来。然而，正是这样的打打闹

闹，驱散了孩子在成长过程中的寂寞和无聊，也让孩子们彼此之间手足情深。独生子女之所以孤独寂寞，就是因为没有手足打打闹闹，缺少同龄人的陪伴。曾经有心理学家经过研究发现，孩子在幼年时期与家人之间形成的人际关系，将会对他人成年之后的人际关系产生积极的影响。还有一项针对青少年进行的心理研究指出，很多与异性兄弟姐妹一起成长的孩子，在进入青春期之后，会表现出明显的性别特质。曾经，有些父母担心有异性兄弟姐妹的孩子性别特质不会那么明显，而是会因为受到异性兄弟姐妹的影响而趋于中性，其实不然，事实恰恰相反。这是因为，在异性兄弟姐妹的对比之下，他们不但学会了与异性相处，也学会了更加强化自己作为男性或者女性的性格特质，这非常有利于他们成年之后展开社会交往。

对于父母而言，在两个孩子都不懂事的阶段，无疑需要为了协调两个孩子之间的关系付出更多的时间和精力，也会常常因为无法解决两个孩子之间接二连三发生的矛盾而感到心力交瘁。但是，等到孩子长大，看到两个孩子相亲相爱，彼此相处照顾和扶持，父母一定会感到非常欣慰和满足。

如果说普通的人际关系是经不起误解和瓦解的，那么，手足之情则因为有了血浓于水的特质，即使发生冲突和矛盾，也会留下真情，而淡化诸多的不如意。很多小时候经常打闹的兄弟姐妹，到长大成人之后，彼此之间的感情却最为深厚，心意也十分默契和相通。这是因为，在长期打打闹闹的过程中，他们已经找到了彼此的相处之道，也在一次又一次和好的过程中，了解了对方的真心真意。

第 07 章
关注二宝心理：别让二宝成为小霸王

三岁后的孩子，自我意识越来越强。如果说从刚刚出生到三岁之前的时间里孩子主要处于无我的状态，那么，从三岁之后，他们的存在感会越来越强，并渐渐有主见，不管做什么事情，非但不愿意听从别人的安排，甚至会故意违背别人的意愿，与别人背道而驰。不得不说，这是因为孩子的自我意识增强，所以存在感也水涨船高。在这个关键时期，父母应该更加关注二宝的心理，从而避免二宝在骄纵之中变得越来越霸道任性。

三岁的弟弟存在感越来越强

三岁，是孩子的自我意识觉醒期，也是孩子人生中的第一个叛逆期。婴儿刚刚出生的时候，处于无我的状态，无法界定自己与外部世界的关系。随着渐渐长大，到了三岁，他们的自我意识开始萌芽，因而变得越来越叛逆。在二孩家庭中，很多父母为了给予大宝安全感，会在二宝出生之后更多地关注大宝的感受，并尽量满足大宝的心理和感情需求，但是，当二宝也长到三岁，这样的平衡就会被破坏。

三岁的二宝不再愿意跟着大宝亦步亦趋，甚至不愿意与大宝一起分享父母的爱。他们想要独占妈妈，也会故意排挤大宝。有的时候，他们明明不想玩一个玩具，也会故意与大宝抢夺。面对二宝的特定身心发展阶段，父母一定要抓住时机引导二宝的心理发展，从而协调好俩宝之间的关系，也为家庭和睦奠定基础。

木木和林林相差三岁半。在林林还是襁褓中的婴儿时，妈妈除了照顾林林的吃喝拉撒外，主要把生活的重心放在木木身上，不管是去哪里玩还是吃什么，妈妈都会尊重木木的意见。即便如此，木木也常常抱怨：妈妈，为何你总是抱着弟弟，却不抱着我呢？妈妈，为什么你总是陪着弟弟睡觉，却不陪着我呢？妈妈，为何你总是陪着弟弟玩，却没有时间给我讲故事呢？面对林林的一千个为什么，妈妈尽管觉得无奈，却

不得不打起精神来解答。

转眼之间，林林三岁半了。这个时间，木木正好成为一年级的小豆包，妈妈不得不把更多的时间和精力花在木木身上，因为妈妈深知，能否在一年级的时候引导木木养成良好的学习习惯，对于木木未来的学习生涯至关重要。有一天，妈妈正在指导木木写作业，听到林林问阿姨："阿姨，妈妈为什么总是陪着哥哥，不陪着我呢？"阿姨安慰林林："哥哥放学之前，妈妈一整天都在陪着你啊。现在哥哥要写作业，妈妈要指导哥哥写作业，等到帮助哥哥写完作业，妈妈就会来陪你了。"林林明显不满意："我就要妈妈陪我。"说完，林林还跑过来扰乱妈妈和哥哥，妈妈只好义正词严地把林林请走，交还给阿姨。

为何木木和林林在三岁阶段所说的话这么相像呢？不是因为他们是兄弟，而是因为每个孩子到了三岁自我意识都会觉醒，都会更加关注自身，从无我状态中转变过来，变成有强烈自我意识的小人儿。在三岁之前，孩子很容易融入环境，也乐于接受身边人的影响，例如，很多年幼的二宝都会成为大宝的跟班，不管做什么事情都听从大孩的安排，内心里也非常崇拜大孩子。但是，三岁之后，他们的顺从很快就消失得无影无踪，他们更希望自己能够成为主宰，也恨不得让全家人都服从他们的命令。

对于二宝突然出现的霸占行为，父母不要任由二宝自私任性，而应引导二宝与大宝分享。否则，一旦二宝养成自私霸道的坏习惯，在与大宝相处的过程中就会矛盾纷争不断，也会导致手足关系陷入困境，甚至会影响亲子关系。很多父母误以为强烈的嫉妒情绪只会在大宝身上出现，因为大宝在二宝出生之前已经习惯了独占妈妈，而二宝一出生就习惯于和大宝一起分享爸爸妈妈。其实不然。不管是对于大宝还是对于二宝而言，嫉妒情绪都是成长过程中难以迈过去的情绪旋涡，对此，爸爸妈妈一定要作好准备，在引导大宝平衡情绪状态之后，也要有的放矢地引导二宝处理好嫉妒情绪。不可否认的一点是，在非独生子女家庭中，未必只有大宝想要独占妈妈，其实每个孩子都想独占妈妈。即使孩子渐渐成长，他们也依然会因为父母对于兄弟姐妹的关注比对自己的关注更多而做出很多自以为能吸引父母关注的傻事，例如，有的孩子故意不盖被子把自己冻感冒，还有的孩子故意调皮捣蛋被父母训斥。孩子的心思父母永远也猜不透。越是如此，父母越是要努力地了解孩子，打开孩子的心扉，走入孩子的内心，这样才能让孩子在成长的过程中少走一些弯路，拥有更加平和的情绪。

作为二孩父母，我们既不要因为二宝的到来忽略了大宝，也不要矫枉过正，把所有注意力都集中在大宝身上，而忽略了渐渐长大的二宝。纵使时间和精力是有限的，父母也要努力做到更好，以无限的爱照射每一个孩子渴望得到爱的心灵。

二宝的性格软弱怯懦怎么办

孩子正处于成长的过程中，性格等都在养成之中，还没有成型，因而父母无须对于年幼的孩子过分担心。当父母对于孩子在性格方面的表现不够满意、因而对此过分敏感的时候，孩子那不是问题的初现端倪的性格表现，也就成为一个问题。若父母对于孩子尚未定型的性格问题过于敏感和担心，就会在不知不觉间把这种焦虑紧张的情绪传递给孩子，

使得孩子在成长过程中也产生很多烦恼，变得迷惘而又无助。

父母一定要认识到，孩子的成长是一个漫长的过程，在成长期间，他们不但接受着父母的谆谆教诲，自身也在不断地进行自我修复和提升。很多父母误以为孩子的成长就是被动地接受外界的填鸭式教育，其实纯粹的填鸭式教育对于孩子的成长并不能起到有效的作用，反而会引起孩子的反感。理智的父母在引导孩子成长的时候，会从孩子的身心发展特点和脾气秉性出发，有的放矢地教育孩子，从而让教育的效果事半功倍。作为父母，我们不要急于对孩子的各方面表现下定论。很多父母一旦看到孩子的言行举止不符合他们的预期，就会马上断言孩子的行为有问题、性格有问题，那么，孩子的问题到底为何发生呢？对于妈妈来说，倒是必须先反思一个问题，那就是到底是孩子真的有问题，还是只是妈妈认为孩子有问题呢？实际上，很多妈妈口中所谓的孩子的问题，都是妈妈对于孩子的成长和教育过分紧张和担忧导致的。若妈妈长期陷入紧张和焦虑的状态，对于孩子的成长过多干涉，吹毛求疵，孩子就会真的有问题。所以，要想成为合格的妈妈，当意识到孩子有问题的时候，第一时间就要反思自己：是孩子的问题，还是我们自身的问题？

在新生儿呱呱坠地的时刻，父母抱着柔软可爱的婴儿，心里只有一个愿望，那就是希望孩子健康快乐地长大。而当孩子渐渐长大，父母的愿望也发生了改变，那就是希望学龄前的幼儿没有病痛的侵扰，无忧无虑地长大。而一旦孩子进入小学阶段，似乎生活就被推入高速行驶的列车，父母面对孩子不尽如人意的学习状态，又拔高了要求，希望孩子可以出类拔萃、出人头地。不得不说，不是孩子长得慢，是父母的要求变化太快，让孩子应接不暇。作为父母，我们要有耐心等待孩子遵循生命

的节奏成长。

思思五岁，是个性格开朗的孩子，不管做什么事情都雷厉风行、敢想敢干；而只有两岁的默默和姐姐的性格截然不同。虽然默默在家里和姐姐相处很好，遇到产生争执的时候，也会与姐姐据理力争，维护自己的权益，但是，一旦走出家门，默默就变成了一个不折不扣的胆小鬼，哪怕正玩着滑梯呢，一看到有比她大的孩子过来，她就会立刻躲到一旁，连滑梯都不敢玩。每当看到这样的情况发生，妈妈就会鼓励默默和小朋友们排队玩，但是默默只会哭哭啼啼，从不愿意向前。

对比思思两岁前后的表现，妈妈不由得为默默感到担忧：默默是不是天生胆小、性格怯懦呢？不然，为何会有这样的表现呢？为此，妈妈还专门咨询了儿童心理专家。听完妈妈的讲述、了解妈妈的担忧后，心理专家不由得笑起来，说："这位妈妈，你可真是杞人忧天了。对于两岁的孩子，还无所谓性格呢，怎么就性格怯懦了？你是把教养老大的经验套用到教养老二身上，所以才会进入思维的定式，觉得老二的表现应该和老大相差无几才对。实际上，每个孩子天生就与众不同，是完全独立的生命个体，即使是一个妈妈生养出来的，也完全没有可比性啊！从心理学的角度而言，孩子出现怕生的现象，正说明孩子开始具有自我保护意识，父母可以引导孩子变得更加大方，却不要鼓励孩子在任何情况下都逞强。当然，有的孩子之所以认生，也有可能是成长过程中接触的陌生人太少导致的。父母可以给孩子提供机会与陌生人相处，这样孩子的胆量就会越来越大。总而言之，孩子还小，性格完全没有成型，所以也就没有所谓的性格胆怯之说。"心理专家的一番话打消了妈妈的疑虑，也让妈妈反思问题所在：思思小时候是由自己一手带大的，经常到

处玩耍，所以更大胆。默默从出生就由奶奶和保姆带大，出门的次数少，所以胆怯。为此，妈妈有意识地带着默默四处玩耍、走亲访友，渐渐地，默默的胆子越来越大，也可以和小朋友玩到一起了。

很多二孩父母因为有了老大作为参照物，所以，在养育老二的过程中，往往不由自主地把老二的表现和老大同时期的表现进行比较。正如心理学家所说，每个孩子都是与众不同的生命个体，即使是同一个妈妈所生的两个孩子，也会有截然不同的表现，所以这样的比较是不科学且不合理的。

当孩子的发展不符合妈妈的设想时，妈妈也不要着急，因为孩子还小，各个方面都没有定型，妈妈一定要给予孩子足够的时间，让孩子根据生命的节奏慢慢成长，而不要因为急不可耐就对孩子提出过高的要求，甚至揠苗助长。此外，在孩子成长的过程中，当发现孩子出现各种问题的时候，妈妈要更多地反思自己，而不要把问题的根源归咎于孩子。只要妈妈不断修正自己的言行举止，给予孩子更加恰到好处的引导，孩子的成长也就水到渠成、理所当然。

二宝的心机更强吗

民间有一种说法，大概的意思是，老大往往比较憨厚，而老二往往更有心机。这种说法是真的吗？又有什么科学依据和心理依据呢？根据很多妈妈对于两个孩子的认真观察来看，老二的确是比老大同时期更加灵活的。这是为什么呢？从教养的角度而言，老大出生的时候家里只

有一个孩子,所以他们的言行举止并没有年龄接近的孩子可以作为参考。又因为老大从出生开始就独享妈妈的爱,不需要嫉妒或者争抢,所以老大总是表现出安然惬意的样子,尽情享受着父母无微不至的关心和照顾。相比老大出生之后的生存环境,老二的生存环境显然"恶劣"很多:家里原本就有一个孩子,他已经和父母相处了好几年,与父母的感情更为深厚,且得到了父母更多的关注。作为老二,二宝也许在懵懂无知的时候不知道耍心眼、争夺父母的宠爱和疼溺,但是,随着渐渐长大,他们会周旋于更加复杂的一家四口的人际关系之中,尤其是这四口人里还有一个老大,与他是竞争和争宠的关系。可想而知,环境成就人,老二在这样的家庭环境中成长,难免在不知不觉中变得更加机灵。

从父母的角度来看,老二这样的小心思是很可爱的。曾经有西方国家的儿童心理学家经过研究发现,每个孩子在家庭中不同的出生顺序,决定了他们拥有不同的成长环境,这样的成长环境和经历,对于他们的性格特点、为人处世的风格都有潜移默化的影响。这就合理解释了为何由同一个妈妈养育,在相似的家庭环境中成长,得到相似的成长条件,两个孩子却相差迥异,最终性格迥异、人生迥异。当然,这其中也不排除孩子先天性格因素的影响,但不可否认的是,后天的成长环境对于孩子的成长也起到不容忽视的影响。

和老二拥有小心思的狡黠可爱相比,老大则须在成长的过程中不得不接受二孩到来的事实,他们甚至没有选择的空间,只能说服自己心平气和地接受。在这样的过程中,他们与二孩分享父母的爱,也要学会作为老大去照顾弟弟妹妹、谦让弟弟妹妹。此外,又因为老大年纪比较大,所以他们更懂得为父母分担忧愁,渐渐地,老大就形成忠厚的性

格,且有很强的责任心。

综上分析,不是老大或者老二天生就如何,而是因为老大和老二虽然看似在同一个家庭环境中成长,但是他们成长的微环境是不同的。从影响力的角度而言,老大最先对老二的成长起到影响作用,随着老二渐渐长大,老二也成为对老大起到关键影响作用的重要因素,所以说老大和老二也是相互影响、互为促进的。

作为父母,我们只要努力平衡老大与老二的关系,让老大和老二健康快乐地成长即可。兄弟姐妹之间是手足亲情,谁占到便宜,谁吃亏,都没有太大的关系。只要两个孩子相亲相爱,彼此宽容和善待,就是最好的兄弟姐妹。

不要小觑二宝的模仿能力

孩子的模仿能力是很强的,尤其是对于幼儿来说,他们的心智发育不成熟,人生经验也很匮乏,为此他们根本没有能力对很多事情作出准确的判断。在这种情况下,他们言行举止就会模仿身边的人,诸如父母,诸如大宝。因为父母的言行举止带有明显的成人色彩,所以,二宝会更倾向于模仿只比自己大几岁的大宝的行为。这是因为大宝也是孩子,心理发展尽管比二宝超前几年,但还是带有鲜明的孩童色彩,所以二宝模仿大宝显得更加容易,也更符合二宝的身心发展规律。在这种情况下,要想避免二宝的行为出现偏差,父母除了要纠正二宝的行为举止、对二宝展开说教之外,也要有的放矢地纠正大宝的行为举止,引导大宝做出正确的言行。这样一来，二宝有了正确的模仿对象，在言行举止等各个方面都会有更大的进步。

很多父母总是小觑孩子的模仿能力，觉得孩子还小，不会有那么强的模仿能力。其实，孩子的模仿能力是惊人的，尤其是对于身边亲近的、信任的人。二宝因为智力发育水平的限制无法作出判断，所以往往会不加选择地模仿。因此，当父母想要为二宝营造健康的生活环境时，就要为二宝树立积极的榜样，父母一则要从自身做起，二则要从规范大宝的言行举止做起。

默默是个内向文静的女孩，不太爱说话，在和性格外向的姐姐思思相处的时候，常常会被思思在情急之下动手动脚地打几下。到了三岁半，默默开始上幼儿园，原本妈妈以为安静内敛的默默进入幼儿园之后肯定是个乖乖女，绝对不会惹麻烦，没想到，才开学没几天，老师就电话通知妈妈："默默妈妈，你家默默特别爱打人，今天接连打哭了两个小朋友，回家之后，你们一定要引导她、教育她，让她别再这么打人了。毕竟班里的孩子都很小，默默打了其他小朋友，我们作为老师也要给其他小朋友的家长一个交代，很为难呢！"

听完老师的话，妈妈惊讶极了：默默在家里从来都是被姐姐欺负的那一个，怎么还会打人呢？尽管如此，既然老师已经把电话打过来了，妈妈还是慎重对待，耐心地告诉默默不要打人。一段时间之后，一个周末，妈妈带着默默去小公园里玩。在玩滑梯的时候，又上来几个年纪比较小的孩子，默默走上前去就推搡小孩子。妈妈当即喝令禁止："默默，你怎么推搡小朋友呢？不能推搡小朋友，很危险，要和小朋友一起玩滑梯，否则就不能玩了。"在妈妈禁止之后，默默有十几分钟的时间

很老实。但是没过多久，趁着妈妈不注意，她居然对一个小朋友扬起了巴掌，口中还念念有词："不听话就要挨揍！"听着这熟悉的话，妈妈恍然大悟：原来，默默是跟着姐姐思思学会打人的，因为在家里她打不过姐姐，所以只能逆来顺受，给爸爸妈妈留下她很老实的错误印象。而当在外面或者幼儿园里，遇到实力比她弱的小朋友时，她受到姐姐影响形成的暴力倾向就表现出来了。

很多父母都误以为孩子在家以外的各种地方的表现一定和在家里相同，那就是老实乖巧。殊不知，孩子的性格是有多面性的，而且，在不同的时间场合之下，孩子也会有不同的表现。尤其是在二孩家庭里，如果有强势的老大，老二往往处于弱势的地位，日久天长，老二会处于压抑的状态，而在合适的时机下，老二被压抑的本性就会爆发出来，因此形成和在家庭生活中截然不同的表现。

不得不说，老二欺负他人的行为纯粹是向老大学习来的。要想让老二爱欺负小朋友的行为得到有效改善，父母就要从老大身上入手。只有改变老大和老二的相处模式，老二才会渐渐学会健康友善的相处模式，才会在步入社会交往之后渐渐地学会建立和维护良好的人际关系。否则，老二从老大身上学到的很多方面，必然在他们成长的过程中渐渐地表现出来，并给老二的人际交往带来很多困扰。

为什么二宝很喜欢告状

很多二孩家庭里，父母都有一个发现：和大宝相比，二宝特别喜欢告状。这是为什么呢？首先，大宝年纪相对较大，二宝年纪相对较小，这就决定了二宝的心智发育和体能方面都远远不如大宝。但是，随着渐渐长大，二宝再也不是那个襁褓中的婴儿，无法继续接受父母无微不至的照顾和爱护，而是要学会和身边的人相处。所谓身边的人，首先就是父母和哥哥或者姐姐。然而，哥哥姐姐不会像父母那样总是宽容二宝、爱护二宝，在相处过程中，因为彼此年龄相差无几，所以他们之间很容易发生各种各样的矛盾和纷争。实际上，明智的父母不会过度介入孩子之间的冲突，而是把解决冲突的权利交给孩子们。在一次又一次磨合的过程中，孩子们自然会建立规则，也会彼此约束按照规则来解决问题。

除了父母的态度起到很大作用之外，二宝之所以爱告状，也与他们的成长环境有密不可分的关系。也许二宝正是因为排行老二，在他出生之前家里就已经有一个孩子，所以才会更加心思灵活狡黠，也会借助父母的力量来与哥哥姐姐达到力量的均衡。

有一天，甜甜独自坐在书房里用电脑看一部动画电影，正在看得聚精会神之时，哥哥乐乐也走进书房。才过了没几分钟，甜甜就跑到正在客厅的妈妈面前，噘起嘴巴向妈妈告状："妈妈，妈妈，哥哥坐到我的秋千上了，那是我的秋千，哥哥还不给我看动画片。"妈妈微微皱起眉头，说："甜甜，你已经看了很长时间动画片了，哥哥想看，你就给哥哥看一会儿吧！"甜甜有些厌烦地说："但是，我不喜欢哥哥看电脑，我要看电脑。"妈妈说："那你要去和哥哥商量，哥哥同意，你们就可以一起看。"

每天，甜甜告状的情形都会在家里出现若干次，尤其是当乐乐也

在家的时候，告状更是成为比家常便饭发生频率更高的行为。有一次，妈妈计算了一下，甜甜居然在一个小时之内告状五六次，平均十分钟一次，这让妈妈很无语。

为何二宝喜欢告状呢？其实，这与二宝成长的环境有关系，也与父母处理问题的态度有关系。很多父母总觉得二宝还小，因此，在二宝与大宝发生矛盾和纷争的时候，往往会情不自禁地偏向二宝处理问题。殊不知，二宝虽然小，但也很有眼力见，会察言观色。当他们渐渐发现父母更加偏向他们处理问题，他们就会更喜欢告状，以调动父母的强大力量来弥补自身力量的不足，这是二宝喜欢告状的根本原因。父母如果想要有效消除二宝爱告状的行为表现，就要在二宝告状的时候表现得不偏不倚，渐渐地，二宝意识到父母不会偏向他，自然也就不会继续来告状。很多父母在明知道是二宝犯错的情况下依然袒护二宝，这只会让二宝告状的行为变本加厉。

二孩父母在孩子们成长的过程中难免会遇到两个孩子发生矛盾的情况，对此，父母要想平衡好两个孩子之间的关系，就要更加用心地关注孩子们的心态，尤其是当孩子频繁出现某种情况的时候，父母就要透过现象看本质，从孩子的行为表现分析孩子深层次的内在心理。这样才能有的放矢地教育孩子，才能有针对性地矫正孩子的不良行为和表现。

当二宝让大宝不堪其扰

父母们会发现一个有趣的现象，那就是通常情况下年纪较小的孩子喜欢和年纪较大的孩子玩，而年纪较大的孩子则不是很喜欢和年纪小的孩子玩。这就注定了在二孩家庭里总是老二缠着老大玩，而老大却对老二感到很不以为意，甚至把老二当成多余的小尾巴，对老二各种嫌弃和厌烦。不得不说，有的时候，老二缠着老大，的确让老大很烦恼，尤其是老大想要安静、需要写作业或者专心致志做其他事情的时候，老二的纠缠更是让老大不堪其扰，老二不合时宜的亲近也不受老大的欢迎。在这种时候，父母应该怎么做呢？

父母首先要认识到，老二亲近老大，是兄弟手足之间的彼此亲近，是无可厚非的。当然，老大会有很多私人的事情需要处理和完成，诸如完成作业，诸如安安静静玩一会儿电脑游戏，所以，当老大对于老二的打扰感到非常烦恼时，父母不要批评老大，也不要指责老大对兄弟姐妹不够友善，而应体会老大的心情，并马上把老二哄到旁边玩，从而让老大安静享受独属于自己的静谧时光。

有的时候，老二十分希望和老大一起玩耍，对此，父母应当承担起陪伴者的角色，与老二一起欢乐、一起尽情玩乐，当老二从父母的身上得到陪伴的满足时，他们自然不会继续纠缠老大。当然，如果老大和老二相差悬殊，父母首先应引导老大安排好学习的时间，也要告诉老大，手足情深，唯有彼此相互陪伴，才能有更好的成长。总而言之，没有谁与谁的感情是天生的，作为兄弟姐妹，俩宝一定要彼此亲近和相处，才会有更深厚的感情，建立更和谐融洽的关系。

随着乐乐渐渐长大，妈妈突然发现乐乐可以帮着带甜甜了。作为哥哥，乐乐性情温和，也很有耐心，所以常常陪着甜甜玩整个上午。这样一来，妈妈就觉得轻松很多，并且对于乐乐的表现有更高的预期。有的时候，妈妈会主动求助乐乐："乐乐，可以帮我带着小妹妹玩一会儿吗？妈妈实在太累了。"每次妈妈提出这样的请求，乐乐都会欣然应允。

有一天，乐乐从外面上了一天的课回到家里，汗流浃背，赶紧拿着冷饮打开电脑，只想一边享受冷饮，一边专心致志观赏一部电影。此时，甜甜看到哥哥回家了，赶紧走到哥哥跟前，提出要看小黄人动画片。通常情况下，乐乐都会满足甜甜的心愿，但是乐乐实在太热，感到心情烦躁，为此，他对甜甜说："快走开，我需要安静一下。"甜甜当然不乐意，站在乐乐身边开始惊天动地地哭起来。实际上，甜甜有自己的小心思，她知道，一旦惊动爸爸妈妈，爸爸妈妈就会来训斥哥哥，让哥哥满足她的心愿。但是，这次妈妈看着乐乐热得满头大汗的样子，赶紧耐心地把甜甜哄走："甜甜，快走吧，和妈妈去客厅玩积木好不好？"甜甜当然不愿意，她已经一天没有见到哥哥，和哥哥抢夺电脑也是她亲近哥哥的方式。然而，妈妈想出各种办法诱惑甜甜，后来答应甜甜可以吃个冰淇淋，甜甜才暂时和妈妈一起离开。

看着日渐长大的乐乐，妈妈很开心乐乐可以帮助父母分担照顾小妹妹的重任。但是，乐乐本身也是个孩子，也会有想要独处的时候。妈妈看到乐乐汗流浃背地从外面回来，没有强求乐乐一定要满足甜甜的心愿，而是赶紧哄着甜甜去一边玩耍，给予乐乐平静心情和缓冲的时间。这样的安排，对于当时情绪激动的乐乐而言，是很好的对待。不过，妈

妈在平日里会更加要求乐乐有好的表现，所以，此刻对于乐乐的宽容，是让乐乐感到比较舒适的。

在两个孩子的家庭里，父母理应承担起协调关系的重任。若父母协调得当，不但亲子关系和谐融洽，兄弟姐妹之间的关系也会发展顺利。很多父母抱怨孩子彼此之间感情淡漠，实际上这不是因为孩子不懂得相处，而只是因为父母在其中没有起到积极的协调作用。

第08章
一视同仁别比较，大宝二宝都是宝

很多父母常常情不自禁地把自家孩子与其他孩子进行比较。这里所说的其他孩子，在独生子女家庭里往往是别人家的孩子；而在二胎家庭里，则往往变成自家的另一个孩子。不得不说，当孩子渐渐懂事，最反感的就是被父母拿来与其他孩子比较，这样会伤害孩子的自尊心，也会导致他对父母心生反感。对于父母而言，一定要形成正确认知，知道每个孩子都是独立的生命个体，并真正做到尊重和平等对待孩子。

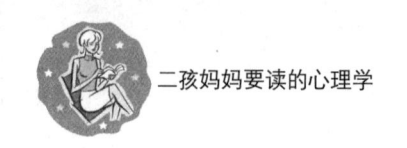

不比较大宝和二宝

新生儿刚刚出生，一定会被父母看作手心里的宝，这个阶段，父母不会把孩子拿来与其他孩子比较，也不会陷入盲目的自信之中，觉得自家的孩子就是最好的、最优秀的，也是无可替代的。这一则是因为父母还沉浸在迎接新生命的喜悦之中，二则也是因为孩子平日里独自成长，身边没有同龄的小朋友可以比较。随着孩子渐渐长大，父母的淡然心境渐行渐远，当把孩子从家庭里唯一的小生命的背景下放入诸多同龄人相互比较的背景之中，父母就会情不自禁地开始比较，他们的眼睛不再只盯着孩子活泼可爱的一面，而是开始关注孩子在学习等诸多成长方面是否有进步、是否出类拔萃。

不得不说，这个世界上绝没有任何人可以真正成为第一，是因为衡量第一的标准非常复杂，没有一定之规。对于孩子而言，他们所在的幼儿园班级、小学班级，也是他们所处的小小世界，自此，孩子开始正式迈出踏足社会的第一步，也真正融入同龄人的团体之中，开始与同龄人相处。有人的地方就有比较，有父母的地方就有各种各样的攀比心。毋庸置疑，每个父母都希望自家孩子出类拔萃、出人头地，但是每个孩子的天赋是截然不同的，这就决定了每个孩子在人生道路上所取得的成就也会截然不同。正因为如此，父母才不能拿孩子与他人作比较，否则就

会伤害孩子的心而毫不自知。

航航和瑞瑞是兄弟俩，航航是哥哥，瑞瑞是弟弟，彼此相差一岁多。正是因为这么小的差距，以至航航和瑞瑞看起来不像是哥哥和弟弟，而像是双胞胎。和体弱多病的航航不同，瑞瑞身体强壮，长得虎头虎脑，非常可爱。

在五岁之前，瑞瑞没有哥哥高，但是到了五岁之后，瑞瑞后发制人，身高居然超过了哥哥。为此，瑞瑞总是嘲笑哥哥："航航，你应该叫我哥哥才对，因为我比你高。"就因为兄弟俩比身高，妈妈不知道协调了多少次手足关系。终于，成为一年级的小豆包之后，瑞瑞才不再和哥哥比身高。期末考试结束后，航航拿回一张三好学生奖状，而瑞瑞似乎还不是很适应学校生活，所以考试成绩并不好，为此，妈妈激励瑞瑞："瑞瑞，你以后要多多向哥哥学习，你看，哥哥考试成绩好，还拿回来一张奖状呢！哥哥可是三好学生，这是很值得自豪的啊！"对于妈妈的表达，瑞瑞显得很不满意，他噘起嘴巴不屑一顾地说："不就是一张纸么，有什么了不起的。"航航得到妈妈的表扬，终于可以扬眉吐气，因而挑衅地对瑞瑞说："就是一张纸，但是你怎么没有呢？说明你太不优秀啦！"瑞瑞恼羞成怒，生气地把哥哥的奖状撕坏了。为此，兄弟俩之间展开了一场大战。

原本，航航与瑞瑞之间的大战是可以避免的，但是妈妈没有有效地引导他们，而是挑起了事端。其实，即使妈妈不明确说出来让瑞瑞学习哥哥，瑞瑞在看到哥哥拿回家的三好学生的奖状之后，也会感到羡慕。可以看出来，瑞瑞的自尊心很强，所以，他虽然心里羡慕哥哥，但是口头上很倔强，不愿意承认对哥哥的羡慕。再加上妈妈煽风点火，瑞瑞自然觉得面子上挂不住，也因此对妈妈和哥哥表现出强烈不满。

不管孩子本身是否愿意承认，即使在同一个家庭里，不同的孩子之间也是存在竞争关系的。尤其是对于年龄差距比较小的兄弟姐妹而言，因为常常处于相似的人生阶段，他们之间的可比性更高。举例而言，如果两个孩子只相差一岁，都在读小学，则有很高的可比性。反之，如果两个孩子年龄差距比较大，老大读小学高年级，老二还没上幼儿园，那么可比性则相对较低。但是，即使存在这样大的悬殊，在孩子真正成家立业之后，也无法阻挡孩子们彼此之间的比较。对于妈妈来说，在孩子小时候，往往会把重心放在关注孩子的吃喝拉撒方面，等到孩子长大，虽然不再需要妈妈过分操劳，但是他们彼此之间的竞争关系也需要妈妈来维持微妙的平衡。

当然，孩子们之间的竞争是孩子们的事情，对此，父母一定要摆正心态，不要挑起孩子们之间的竞争。每个孩子都是命运赐予父母的礼物，父母要学会欣赏孩子，真正发自内心地尊重和接纳孩子，这样才能给予孩子最好的照顾、陪伴和引导。从另一个角度而言，学习成绩一时的好坏，并不代表孩子们未来一定会有怎样的发展。所以父母要以平常心对待孩子的学习成绩，也要努力发掘孩子身上的优点和闪光点，从而做到扬长避短、取长补短，促进孩子健康快乐地成长与发展。

孩子性格迥异，都要获得表扬

尽管兄弟姐妹都是同一个妈妈亲生的，但是从性格角度而言，他们

是各不相同的。父母虽然拼尽全力为每一个孩子都提供了良好的成长条件，但是孩子只是在同样的家庭环境中生活，因为脾气性格截然不同，也因为出生的顺序不同，孩子们成长的微环境还是有很大不同。为此，父母在与孩子相处的时候，就要考虑到每个孩子各自的性格，从而因人制宜，有的放矢地以恰当的方式教养孩子。如果孩子性格内向，父母就要多多鼓励和鼓舞孩子；如果孩子性格外向，父母可以适当给孩子泼冷水，但是不要让孩子觉得心灰意冷；如果孩子性格安静，父母可以引导孩子进行热闹的活动；如果孩子性格喧闹，父母可以引导孩子做一些需要专注认真的事情，从而磨炼孩子的心性，让孩子能够更加专注和安静。总而言之，每个孩子的性格各不相同，父母要想表扬孩子，就要发掘孩子身上的闪光点，从而有效激励孩子，也督促孩子继续努力，保持进步的姿态。

当然，对于每个孩子而言，家都是让人身心放松的港湾。父母既要为孩子营造温馨的成长环境，也要有意识地增强孩子承受压力的能力。很多父母对于孩子保护过度，总是不希望孩子们之间发生竞争，其实，对于孩子而言，如果连与兄弟姐妹的竞争都无法承受，又怎么可能适应未来残酷的社会生活呢？

当然，从另一个角度而言，尽管孩子以家庭的小环境为主要生存的环境，但是他们实际上已经置身于现实社会之中，尤其是在学校里，他们不但需要与作为同龄人的同学相处，还要与老师相处。所以说，孩子生存的环境远远没有父母所想象得那么简单纯粹。因此，父母也不要只是把孩子当作孩子看待，而应更多关注孩子的心理发展状态，关注孩子的内心健康，这样才能卓有成效地引导孩子们长大，也给予孩子们更大的成长空间。

在竞争激烈的现代社会，很多父母自身承受着巨大的压力，因此觉得孩子也必须要适应这样的压力才能成才。其实，如果孩子没有无忧无虑、健康快乐的童年，何谈成长呢？所以父母不要期望孩子过于早熟，也不要总是迫不及待地让孩子承受各种压力。孩子的成长有自身的规律，唯有在尊重规律的基础上，父母才能引导孩子不断地长大。

对于不止一个孩子的父母而言，当面对一母同胞却性格迥异的孩子时，最重要的不是在孩子之间进行比较，而是要真心地接纳孩子，有的放矢地引导和教育孩子，并且要发掘孩子的闪光点和不为人知的优势，这样才能引导孩子发挥自身的长处和优势，有效弥补自身的短处和不足。有些父母总是认为孩子没有优点，这样的想法是完全错误的。每个孩子都有优点，也有缺点，作为孩子最信任的人，父母一定要善于认可和欣赏孩子，如此才能不断地鼓励孩子成长，激励孩子进步。当然，还需要注意的是，在督促孩子成长的时候，父母不要拿孩子进行比较。每个孩子都是独立的生命个体，都是与众不同的存在，父母要学会真心接纳和欣赏孩子，这样才能激发孩子身上的真善美，让孩子的优点发扬光大。

妈妈情绪好，俩宝才相处得好

当一个家庭里不止一个孩子的时候，妈妈总是在心中对于每个孩子怀有不同的期望，例如，对于性格敦厚的老大，妈妈希望他能够有所成就；对于行为乖张的老二，妈妈希望他能够变得更踏实一些。有些家

庭里还有老三，而妈妈对于老三也会有不同的憧憬与期望。在这样的希望之中，每个孩子在妈妈心中也扮演着不同的角色。很多爸爸妈妈会发现，老大总是乖巧懂事的，而老二则总是非常顽劣。对于两个孩子截然不同的表现，妈妈需要注意的是，如果妈妈的情绪好，能够维持好两个孩子之间的平衡，则能引导两个孩子朝着更好的方向发展。反之，如果妈妈情绪恶劣，常常因为无法控制的情绪而对任意一个孩子歇斯底里，则两个孩子之间的平衡就会被打乱，这将导致两个孩子之间的手足关系出现裂痕。

正如曾经有人说，在一个家里，如果妈妈心情愉悦，则全家人都会幸福快乐。从这个角度来说，妈妈的情绪不仅关系到两个孩子的相处，也关系到整个家庭的相处模式，决定了整个家庭的相处氛围。既然如此，妈妈一定要调整好情绪，从而给自己带来好心情，也给家庭带来好环境。

一直以来，很多父母都有错误的认知，即觉得不能给孩子太多的爱，否则会把孩子骄纵坏了。实际上，孩子的内心需要爱的填充和满足。心理学家经过研究证实，从小就在父母的爱之中成长的孩子，长大之后心绪更加平和，既感性也理智。所以，父母不要总是疏离孩子。尤其是对于年幼的孩子而言，得到再多的爱，他们也不会被宠坏。那些总觉得是自己把孩子宠坏了的父母，实际上更应该考虑的是如何在孩子渐渐懂事之后给孩子讲道理，言传身教地教育孩子。唯有如此，父母对于孩子的教育才能水到渠成、事半功倍。

当两个孩子都进入小学阶段开始学习，妈妈也面临着更大的挑战。哥哥航航和弟弟瑞瑞，在进入小学之初一直保持着努力进取的势头，他们甚至展开竞争,想看一看谁能在期末考试的时候带回来好成绩。然而,就在四年级的某一天,航航突然抗拒上学,而且对妈妈说:"我不想上学,只想在家里待着。"从传统教育观念的角度来看,不想上学肯定是不被接受的,但是从新的育儿观念来看,不想去上学也是可以被允许的。妈妈是个很注重新式教育的人,为此,妈妈当即答应航航的请求:"好吧,你可以不去上学。"就这样,航航在家待了整整一个星期,才缓过劲来,又因为觉得家里的生活很无聊,他开始想念学校和同学们了。

在航航在家期间,瑞瑞也发生了变化。瑞瑞也对妈妈说:"妈妈,我也不想上学,我要和哥哥一样留在家里。"妈妈绝对没想到允许航航留在家里的副作用这么大,且这么快地显现出来。然而,思来想去,妈妈也答应了瑞瑞的请求。就这样,两个孩子一起在家又待了一个星期。在这个星期里,妈妈一直保持良好的情绪,从未指责过孩子们什么。直到航航和瑞瑞都想去学校,他们才结伴复课,全家人的生活也恢复了良好有序的状态。

在这个事例中,妈妈对于自己的情绪掌控得非常好。通常情况下,听到孩子不去上学的请求,大多数妈妈都会感到抓狂,但是这位妈妈很平静,她也意识到,航航之所以不想去上学,就像飞机离开大地太久,终究要回到地面上加油和休憩一样。当然,妈妈没有想到瑞瑞也会和哥哥学着不上学,但是既然瑞瑞已经提出同样的要求,妈妈就要给他同样的权利和自由,也给他平等的尊重和对待。孩子为何会突然出现这样的情况呢?究其原因,他们感到累了,就像大人有情绪周期一样,孩子也是有情绪周期的。所以,父母要尊重孩子的心理和感情需求,也要给予

孩子更大的空间去自由地选择和决定生活的计划。当孩子不合理的要求在父母那里也得到满足的时候，他们就会沾沾自喜，因为他们确定了父母是爱他们的。这样一来，孩子的内心会更加安定，并由此获得力量，继续充满力量砥砺前行。

有的时候，当两个孩子相继做出同样的选择和决定时，他们在放纵内心的同时也打破了妈妈对于他们的角色赋予，因而会感到非常轻松，也会由衷地感到幸福。这样一来，孩子之间的关系也会变得更加和谐融洽，他们知道彼此都是最真实的自己，无须过分矫饰，也无须虚伪掩饰。

相互忍耐，就是相互伤害

父母一定不希望两个孩子每天都打打闹闹，搅扰得他们的心中不得安静，甚至想要安静十分钟都很难做到。实际上，这正是二孩家庭的特色所在——孩子们在一起相处，产生矛盾和冲突，再积极地解决问题。希望孩子能像成人一样理性，彼此宽容和忍耐，那是不可能的。换言之，对于孩子活泼好动的天性而言，如果两个孩子相对两无言，反倒是对本性的压抑，也是彼此间相互伤害的表现。

父母一定要接纳孩子们的脾气秉性，所谓接纳，不是宽容忍耐，也不是睁一只眼闭一只眼，而是发自内心地接受，绝不厌倦和嫌弃。只有父母接纳孩子本来的面目，孩子才会遵循本性去成长和发展。尤其是在二孩家庭，每个孩子都应该得到释放天性的机会，父母即便辛苦忙碌，也没有理由因此就约束孩子们的个性。

自从上了小学，一直穿航航旧衣服的瑞瑞开始不乐意了。其实，从身高上而言，瑞瑞已经比航航更高，为此，瑞瑞向妈妈抗议道："我现在不比哥哥矮了，为何还要穿哥哥的旧衣服呢？我觉得，应该让哥哥穿我的旧衣服。"听到瑞瑞的抗议，妈妈觉得很无奈："你这个孩子，怎么这么多道理！"爸爸在一旁笑着说："这正说明瑞瑞长大了，是个男子汉了。我觉得，以后他们俩谁也不要穿谁的旧衣服了，咱们买衣服的时候就买双份的，让他们各自穿各自的。"妈妈不满地瞥了爸爸一眼，说："你可真是会安排，多买一份衣服，要多花多少钱呢！"爸爸耸耸肩，问妈妈："那么你有什么办法可以解决这个问题吗？"妈妈也无计可施。

　　事后，爸爸更加辛苦努力地挣钱，对妈妈说："我多挣钱，你给俩孩子都买新的，这样他们也不会有矛盾，将来手足情深不比什么都好嘛！"妈妈觉得爸爸说得也有道理，为此采纳了爸爸的建议。

　　航航是哥哥，瑞瑞是弟弟，一开始哥哥比弟弟高，所以弟弟穿哥哥的旧衣服。后来，弟弟长得比哥哥更高，哥哥反倒要捡弟弟的衣服了。原本哥哥和弟弟之间的只相差一岁多，年纪差不多大，因而彼此之间的竞争心态也更为明显。对于懵懂无知的孩子而言，不管穿什么都无所谓；但是对于已经懂事的孩子来说，如果父母对待他们不够公平，他们就会产生反感并为此愤愤不平。

　　在很多二孩家庭里，为了减少养育孩子的开销，父母往往会给老二穿老大穿过的衣服鞋子，玩老大玩过的玩具，使用老大小时候的童车童床被褥等。当然，如果老二尚在襁褓之中，他们是不会对于妈妈这样的安排表示愤愤不平的。但是，如果老二已经长大，到了懂事的年纪，那么，看到妈妈总是让自己使用老大用过的东西，他们难免会感到内心失

去平衡，甚至直接排斥和抗拒哥哥的旧物品。

父母一定要认清一个事实，那就是孩子即使再小，他们的感觉也是非常敏锐的。父母要相信孩子的感觉，也要尊重孩子的感受，这样孩子才会信任父母，才会与父母加深感情，维持良好的亲子关系。当然，越是长大，孩子越是不愿意直截了当地表达自己的内心感受，对此，父母还要有意识地洞察孩子的内心，了解孩子的所思所想，这样才能走入孩子的内心，顺利解开孩子的心结。同时，父母还要透过老二的行为表现看到老二的内心状态。难道老二真的只是想要一件漂亮的新衣服或者是一双酷炫的新鞋子吗？难道老二真的只是想要新玩具吗？当然都不是。老二最想要的，是妈妈专门的、真心诚意的付出，是妈妈在某一个时间段内对他所有的爱。所以，理智的妈妈不会试图说服老二一定要接受老大的旧物品，也不会长篇大论地教育老二勤俭节约，而是告诉老二："好的，妈妈会为你买漂亮的新鞋子。"有了这句话，老二心中所有的委屈就会烟消云散。

此外，对于有两个孩子的家庭来说，父母最好养成买双份东西的习惯，因为也许某一个东西不是某个孩子特别需要的，所以父母要考虑到每个孩子的感受和需求。否则，当父母总是有选择地给其中一个孩子买东西，而忽略了另一个孩子的需要，那么，渐渐地，就会给孩子们留下偏心的坏印象。公平地对待孩子，绝不是简简单单一句话就能做到的，而是要把公平的原则贯彻执行到具体的行为中去，且要在日常生活中的点点滴滴都有所体现。

妈妈要慷慨关心俩宝

很多二孩父母都会为两个孩子之间的矛盾和争执感到头疼,有的时候,他们明确知道孩子为何争执,可有的时候,他们对于孩子之间的针锋相对和水火不容完全是一头雾水,也不知道问题出在哪里。其实,每个孩子之所以会出现异常的行为,一定是因为他们的情绪出现波动,或者心理状态有所改变。父母要想彻底解决两个孩子之间的矛盾和纠纷,就要透过现象看本质,通过孩子的言行举止洞察孩子的内心。

当然,父母尽管生养了孩子,却不是孩子肚子里的蛔虫,对于孩子的各种表现,父母也要通过理性综合分析和感性揣测进行深入了解。然而,如果说在独生子女家庭里父母只需要处理亲子问题,那么,在二孩家庭里,父母还要处理两个孩子之间错综复杂的关系,手足关系交错着亲子关系,会让情况变得更加复杂和多变。面对瞬息万变的情势,父母只有以不变应万变,才能用无形的招式化解有形的矛盾。

有一天,弟弟瑞瑞正在玩游戏机呢,哥哥航航也拿出游戏机玩起来。但是,哥哥觉得自己的游戏机太旧了,为此他试图和弟弟交换游戏机。当然,弟弟也不是吃素的,他知道自己的游戏机更新,而哥哥的游戏机很旧,为此他当即表示反对,拒绝了哥哥交换游戏机的请求。

哥哥心有不甘,想办法夺去了弟弟的游戏机,弟弟撕心裂肺地哭了起来。了解情况后,妈妈劈头盖脸地数落了哥哥一通:"你这个哥哥是怎么当的呢?你明明有游戏机,为何非要和弟弟抢,还惹得弟弟大哭一场!"以往,哥哥对于弟弟比较谦让,但是这一次,哥哥也情绪爆发,歇斯底里,对着妈妈哭喊道:"你是个偏心眼的坏妈妈,我不喜欢你,

我讨厌你！"妈妈有些莫名其妙："不是俩兄弟在抢游戏机吗？关我什么事情呢？况且哥哥放着自己的游戏机不玩，非要玩弟弟的游戏机，本来就是哥哥错了啊！"尽管妈妈想得头头是道，也说得头头是道，但是哥哥的情绪依然十分激动，难以控制。

原本性情温和敦厚的哥哥为何情绪这么冲动呢？究其根本，就是因为哥哥的游戏机是旧的，而弟弟的游戏机却是新的。在妈妈心中，这种情况很正常，因为哥哥比弟弟大一岁，所以哥哥的游戏机先买一年，因而旧得更快。而弟弟的游戏机后买一年，因而比较新。面对这样的情况，妈妈也会感到困惑：如果再给哥哥新买一个游戏机，会不会把哥哥娇惯坏呢？其实，不必有些忧虑。如今，很多父母都担心骄纵孩子会让他们变得不可理喻，且没有担当。实际上，对于事例中的哥哥而言，他最需得到的是妈妈的爱。这种情况下，妈妈无须过分考虑会骄纵哥哥，而应想到给哥哥买一个新的游戏机，让哥哥确定爸爸妈妈都很爱他，这对于哥哥的成长而言更加重要。

日常生活中，很多父母因为老二比较小，所以在不知不觉中会更多地关心老二。也有的父母担心因为老二的到来而无形中冷落和忽视老大，所以更加关心老大。殊不知，凡事皆有度，过度犹不及，不管是过分关心老二还是过度关注老大，对于孩子的成长都没有好处。只有恰当适度地给予每一个孩子关心，并且在孩子需要确认父母之爱的时候给予孩子最强有力的证实，父母才能确凿无疑地向孩子表达爱，才能保证孩子在和谐友爱的家庭氛围中健康快乐地成长。

孩子也会喜欢爸爸

当一个家庭里不只有一个孩子时，就会出现有的孩子更亲近妈妈、有的孩子更亲近爸爸的情况。对于这样的情况，有的妈妈很想得开，觉得孩子和爸爸走得更近是好事情，如果是男孩子，可以从爸爸身上学习到积极的力量，变得勇敢无畏；如果是女孩，则可以尽情享受爸爸无微不至的爱与呵护，变成真正的小公主。但是有些妈妈会感到失落，她们暗暗想道：孩子是我怀胎十月生下来的，为何会更亲近爸爸呢？难道不是应该所有的孩子都更亲近妈妈才对吗？

现代社会，生活压力越来越大，职场竞争日益激烈，在很多妈妈全职在家照顾孩子的家庭里，爸爸一个人肩负起养活全家的重任，可谓压力山大。为此，爸爸必须打起十二分的精神投入工作之中，才能为自己在职场上赢得一席之地，获得更多的报酬。所以，如今在大城市里，很多家庭尽管全家人都生活在一起，但爸爸往往会因为忙于工作而在孩子面前呈现严重的缺失状态。为此，孩子和妈妈走得更近，关系更亲密，感情更深厚，也是在所难免的。而在偏僻的农村家庭里，父母为了生计而四处打工、把孩子留在家里成为留守儿童的情况，也非常普遍。这种情况下，很多孩子彻底疏离父母，而与爷爷奶奶保持亲密的关系。

这里我们需要重点讨论的是，没有人规定孩子只能与妈妈亲近。尽管孩子从还是一个胚胎的时候就在妈妈的肚子里，每天与妈妈相依相伴，倾听妈妈的心跳，感受妈妈的呼吸，在出生之后更是要靠着妈妈甘甜乳汁的滋养长大，但是，有些孩子就是天生喜欢爸爸。在很多家庭

里，妈妈都承担起慈爱母亲的角色，给孩子无微不至的爱与关照；而爸爸相对比较严肃，会从理性上引导孩子，通常对于孩子的要求也比较高。然而，随着渐渐长大，孩子的需求会慢慢从生理转化为心理，从对吃喝拉撒的迫切渴望，转化为对喜怒哀乐的迫切渴望，这样一来，孩子开始寻求精神上的标杆，所以总是严肃认真，偶尔也能够做到理性倾听孩子的爸爸，在孩子心目中的形象越来越高大，也更加受到欢迎。

妈妈要端正心态，对于孩子而言，父母都是他们最亲近和最重要的人，不管是亲近爸爸还是亲近妈妈，对于孩子而言，都是血浓于水的亲情表现，都是正常的行为。遗憾的是，现代社会中，很多家庭的结构都不稳定，爸爸妈妈之间的感情常常会出现各种各样的问题，导致婚姻生活也随之宣告结束。那么，父母离婚之后，孩子应该选择跟着爸爸还是跟着妈妈呢？有很多焦虑的妈妈，之所以对于孩子喜欢爸爸特别敏感和难以接受，正是考虑到，有朝一日如果需要孩子作出选择时，孩子也许会选择爸爸。

针对离婚这种特别情况，如果孩子还小，尤其是对于襁褓中的婴儿，法院往往会判决让孩子和妈妈一起生活。而如果孩子已经长大，有了独立的思想意识，且能作出理性思考和决定，法院在判决的时候则会更多地关注孩子自身的意愿，尊重孩子的选择。从这个角度而言，孩子的确会倾向于与自己更喜欢的爸爸或者妈妈一起生活。有些妈妈误以为孩子对妈妈的喜爱是与生俱来的，其实不然，亲子之间尽管有血浓于水的亲情，但是父母与子女之间也是需要相处的。有的时候，爸爸和妈妈也会分别更喜欢不同的孩子，这就是性格因素决定的。当然，也有人将其归结于缘分深浅，这也无可厚非。总而言之，妈妈不要强求孩子必须喜欢自己，在和谐幸福的家庭里，孩子不管喜欢爸爸还是妈妈，只要愿意把心里话告诉父母之中的一个人，就可以得到有效的引导。从家庭教育的角度而言，爸爸妈妈其实是同一条战线的战友，理应在面对孩子的教育问题时彼此支持、彼此理解、彼此帮助。

大宝和二宝，谁更依恋妈妈

在心理学领域，关于亲子关系，有一种奇怪的较为普遍的现象，那就是妈妈与孩子之间的关系更加亲密无间，亲子感情也更加深厚。这是为什么呢？仅从表面来看，孩子从还是胚胎时就在母体内生活，每天感受着妈妈的心跳和呼吸，也感受着妈妈的喜怒哀乐以及各种情绪，为此，孩子与妈妈更加心贴心。出生之后，孩子还需要摄入母乳一到两年的时间，才会逐渐长大，变得越来越强壮。尤其是在大多数家庭结构中，爸爸往往负责在外面挣钱养家，而妈妈则负责在家里养育子女，尤其在二孩家庭中，这种分工更加明确。可想而知，孩子即使脱离母乳，也会和母亲更多地亲密接触，每天接受母亲无微不至的照顾，所以他们与母亲的感情也就更加深刻。当母亲与孩子之间关系过于亲密、感情过于深厚时，就涉及心理学领域的一种经典现象，那就是恋母情结。

在不止一个孩子的家庭里，妈妈即使尽量把爱均匀地洒在每一个孩子身上，但是不可否认的是，妈妈与每个孩子的关系并非是一样的。常言道，十个手指头，咬哪一个都疼，毋庸置疑，妈妈对于每个孩子都充满爱，但是，妈妈对于孩子真心喜爱的程度会有所不同。因为各种外

部因素的影响，妈妈更喜欢和自己性格相近的孩子，也喜欢比较听话的孩子。那么，妈妈与哪个孩子关系更亲密，到底是什么决定的呢？针对恋母情结这一现象，有人专门提出问题：老大恋母情结重，还是老二恋母情结重？其实，如果从这个角度来说，应该是独生子女的恋母情结更重，因为独生子女可以长期独享父母的爱，也在与父母的亲密接触中建立了深厚的亲子感情。然而，让人惊讶的是，独生子女家庭里，孩子的恋母情结并没有那么重。这是为什么呢？

在每一个圆满的家庭中，都有几种关系交错着。作为独生子女的母亲，只需要辛苦养育孩子几年，等到孩子进入幼儿园或者上小学，就可以从养育孩子的辛苦中解脱出来。即便是在养育孩子期间，养育一个孩子和同时养育两个孩子所付出的时间和精力也是截然不同的。从这个角度来说，独生子女的妈妈有更多的时间经营夫妻关系、发展兴趣爱好，有些妈妈工作时间灵活，甚至可以一边照顾孩子一边继续工作。这样一来，妈妈与独生子女之间的关系反倒是更早分离，而这也使得孩子更早独立。和独生子女妈妈相比，二孩妈妈往往要在家庭里投入更多的时间和精力，也要更长久地抚育孩子。例如，当老大三岁时，妈妈原本可以恢复工作，把老大送入幼儿园，但是，如果这个时候有了老二，则妈妈会选择继续在家里全职照顾孩子。即使等到老二三岁，妈妈也往往会因为需要照顾一个六岁和一个三岁的孩子而无法重回职场。这样一来，在二孩家庭里，妈妈回归家庭的时间是更长久的，这也决定了二孩家庭里孩子恋母情结的表现更为明显。

那么，到底是老大恋母情结更重，还是老二恋母情结更重呢？有些父母误以为，老大先出生，与妈妈相处时间更长，所以恋母情结严重，也有些父母认为，老二后出生，那么娇弱，往往在懂事之后就会耍心眼，以得到妈妈更多的爱与关注，所以老二的恋母情结更为严重。实际上，不管是老大还是老二，他们的恋母情结并非取决于与妈妈在一起相处多久，而是取决于他们是否有形成恋母情结的条件。在非独生子女家庭中，每个孩子都承担着不同的职务，也在家庭生活中起到不同的作用。为此，他们具备不同的生存条件和微环境。是否有恋母情结，正是取决于此。

除此之外，恋母情结还与每个孩子不同的脾气秉性密切相关，也与家庭结构有关。例如，孩子性格怯懦，不管做什么事情都听从妈妈的安排，总是对妈妈唯唯诺诺，这样的孩子，就是长大成人，也无法为自己的人生做主，很容易产生恋母情结。再如，在单亲家庭里，男孩产生恋母情结的概率很大：一是因为单亲妈妈会把所有的时间和精力都投放在孩子身上；二是因为孩子在与妈妈长期相依为命的过程中，与妈妈形成了深厚的感情；三是独特的家庭结构使得妈妈的性格越发强势，孩子的性格越发软弱；四是本着异性相吸的原则，男孩比起女孩更容易产生恋母情结。

所以，老大还是老二的恋母情结更严重这个话题，原本就是个伪命题，因为很有可能老大和老二都没有恋母情结，都非常健康快乐而又独立自主。但是，如果教养方式不当，不管是独生子女还是大孩、二孩，都有可能产生恋母情结。对于父母来说，在抚育和陪伴孩子成长的过程中，一定要势力均衡，给予孩子陪伴。爸爸即使忙于工作，也要抽出时间来陪伴孩子，正如曾经有人所说的那样，没有人能够代替父亲在男孩成长过程中起到重要作用。而母亲在家庭生活中则要收敛心性，不要过

于强势，只有给男孩树立充满阳刚之气和勇气的父亲形象，男孩才会以父亲为榜样去成长。此外，当发现孩子的性格比较怯懦的时候，父母一定要创造各种机会，引导孩子更加坚强勇敢，也让孩子大胆地进行各种尝试。当孩子实现行为独立、思想独立，他们就会以更强大的姿态出现在生活中，也会以真正强者的身份勇敢地面对变幻莫测的生活。父母要知道，自立、自强、自尊、自重、自爱，是父母可以留给孩子最美好、最值得珍惜的礼物，也是孩子在成长中必不可少的优秀品质。

第09章

手足相处，摩擦和冲突避无可避

孩子们在一起相处，难免会发生各种各样的矛盾和冲突，而小小的摩擦更是相处时的家常便饭。手足之间，因为每天都在一起生活，朝夕相伴，所以更容易有顽皮打闹、"争风吃醋"的情况发生。作为父母，我们要接纳手足之间的争执，也要以正确的态度引导孩子们自主解决问题，制订相处的规则和秩序。

当弟弟不小心摔倒

在很多二孩家庭里，父母总是情不自禁地心疼年纪小、身板弱、力量不足的老二。对于老大，父母总觉得老大已经长大，比起老二要相对强势一些，因而不知不觉间就会倾向于老二。殊不知，老大原本是心疼老二的，但是，如果遭到父母的责备，他们就会愤愤不平，更想不明白为何爸爸妈妈总是要偏向老二。可想而知，在这种心态的影响下，原本友好的手足关系，也会渐渐地陷入困境，变得被动。

不可否认的是，有很多老大对于老二的到来心怀不满，所以，他们在日常生活中找到机会的时候，常常会趁机欺负老二。但是这样的情况毕竟是少数，大多数老大既然接纳了老二到来，也会发自内心地喜欢和疼爱老二，所以，当老大和老二发生冲突时，爸爸妈妈首先要把心放在正中间的位置，绝不能因为谁年纪小或者谁受伤严重就把责任怪罪到另一个孩子身上。当父母采取宽容的态度对待无意间伤害老二的老大，就会发现老大会真心认识到错误，也会在未来的相处过程中更加小心翼翼地照顾老二。反之，在发现老二受伤之后，如果爸爸妈妈当即不由分说地训斥老大，那么老大就会产生逆反心理，不但对于爸爸妈妈的训诫心怀不满，对于老二也会心生怨恨：都怪你，要是没有你，我怎么会被批评呢！相信父母一定不希望看到老大进入这样的心理误区，更不希望看

第09章　手足相处，摩擦和冲突避无可避

到老大和老二原本和谐融洽的手足关系陷入僵局。

记得甜甜小时候，有一次，爸爸带着爷爷奶奶去北京旅游了，家里只有妈妈带着乐乐和甜甜。当时，甜甜才七八个月，正会爬，爬的速度特别快。眼看着天色晚了，妈妈准备收拾阳台外面晾晒的衣服，因而对乐乐说："乐乐，你看一下甜甜，小心别让她从床上掉下来了，我要收衣服。"乐乐满口答应："妈妈，放心吧，我一定会看好甜甜的。"妈妈放心地转过身收衣服，才收拾了两件衣服，就听到身后传来砰的一声，随后就传来甜甜的哭声。妈妈赶紧转身奔到床边，这才发现甜甜爬着爬着从床头位置掉下来了。幸好床边有个堆满毛绒玩具的板凳，所以甜甜才没有直接以头着地、摔到地上。

妈妈来不及责怪乐乐，赶紧把甜甜抱起来，刚才，乐乐只转身一瞬间，甜甜就掉到地上，也很心疼甜甜，当即哭着对妈妈承认错误："妈妈，对不起，我就扭过头来看一下日历。"看着八岁的乐乐这么懊悔，妈妈也觉得很心疼，尤其是看到乐乐生气地打自己的脸，妈妈赶紧制止乐乐："乐乐，你打自己有用吗？甜甜已经掉下来，你再打自己也没有办法挽回结果。甜甜爬得特别快，下次再看着甜甜的时候，一定要记得目不转睛，好吗？"乐乐答应妈妈。妈妈想了想，对乐乐说："现在你还看着甜甜，妈妈的衣服还没有收拾完呢！"乐乐疑惑地问妈妈："妈妈，你还相信我吗？"妈妈说："当然。你是甜甜的亲哥哥，你会对她好的。妈妈相信，刚才只是一个意外的小插曲。"乐乐感激地看着妈妈，为了防止甜甜再次从床上掉下来，他寸步不离、目不转睛地守着甜甜，直到妈妈收拾完衣服。

如果妈妈责怪乐乐，虽然乐乐会懊悔因为一时疏忽导致甜甜从床上

摔下去，但也会因为遭到妈妈的责备而心生不悦。毕竟照顾甜甜是妈妈的责任，而不是乐乐的义务，乐乐只是在热心地帮助妈妈减轻负担。所以妈妈要始终对乐乐满怀感激，并且要继续信任乐乐，这样乐乐才会更加负责任地照顾甜甜。

一旦老大和老二之间发生矛盾，或者因为老大不小心伤害了老二，这种情况下，父母常常会情不自禁地偏向老二，更关注老二是否受伤，而忽略了老大的内心感受。手足之间的相处，是一生一世，父母要引导孩子们彼此相亲相爱，而不要让一个孩子因为另一个孩子而承受更多的指责和抱怨。唯有父母做得端正，孩子们之间的关系才会更加亲密，彼此之间的感情才会变得更加深厚。在家庭里，尤其是妈妈，更要端正心态对待两个孩子，不能认为孩子小就可以免除责任，也不能认为孩子大就要承担起一切的责任。只有就事论事，且考虑孩子做某件事情的初衷，才能做到理性地分析和判断。而有一点是需要特别注意的，那就是妈妈不要因为老二受伤就责罚老大，否则，只会导致老大对老二心生怨恨。换言之，只要妈妈在老大心中种下爱与宽容的种子，老大总有一天会充满爱与宽容地爱护老二。

俩宝意见不统一怎么办

当老二还小，或者在襁褓之中，或者只有一两岁的时候，自我意识还没有萌芽，所以他们非常愿意追随老大的脚步。不管是决定去哪里玩，还是选择吃什么，只要老大说好，老二就无条件附和并且积极配合。这样"亦步亦趋"的日子过得很快，转眼之间，等到老二三岁，自我意识渐渐觉醒，他们就会变得更加独立自主，再也不愿意充当老大的小跟班的角色。

当俩宝意见不统一的时候，父母夹在中间是最难受的，不管是支持大宝还是支持二宝，父母都必然要得罪一个宝贝，惹得一个宝贝心生不悦。所以，明智的父母在事情发展可控、孩子之间尚没有爆发不可调和的矛盾时，会选择作壁上观。这样一来，他们就可以静观其变、保留态度，也可以亲眼见证孩子们最终会作出怎样的决定，协商出怎样的结果。在这个过程中，孩子们之间还可以相互沟通，针对具体的问题进行深入交流，这对于提升他们的人际沟通能力是很有好处的。有很多父母迫不及待地跳出来为孩子解决问题，只满足一个孩子的愿望而忽略了另一个孩子的愿望，看起来这么做可以非常迅速地解决问题，实际上只会在长期偏袒某一个孩子的过程中导致问题更加棘手。没有任何人愿意始终处于退让的姿态，所以，父母与其给出不那么完美的解决方案，不如引导孩子们自己想办法解决问题。这样的过程也许漫长，却可以有效帮助孩子们摆脱困境，未来再遇到类似的问题和争执时，他们也就有据可循，可以根据此前解决问题的思路寻求解决之道。

趁着暑假的时间，妈妈带着甜甜和乐乐去了游乐场。这个游乐场，有号称南京最高的摩天轮，一看到摩天轮，乐乐就兴奋不已，当即准备去坐摩天轮。然而，摩天轮太高了，有几十层楼那么高，才两岁的甜甜看着摩天轮，吓得闭上了眼睛。但是乐乐很想去坐摩天轮，他必须在有人陪伴的情况下才能坐摩天轮。这可这么办呢？

乐乐对妈妈说："妈妈，我想坐摩天轮。"妈妈说："乐乐，我很愿意陪着你坐摩天轮，但是你看看吧，摩天轮太高了，甜甜不知道同不同意去坐呢！你可以想办法说服甜甜。"乐乐转向甜甜："甜甜，摩天轮很好玩，咱们一起坐摩天轮好不好？"甜甜蜷缩在妈妈怀抱里，奶声奶气地说："高，怕怕。"乐乐继续劝说甜甜："甜甜，摩天轮上特别好玩，还能看见长江呢！咱们一起去坐，哥哥保护你，好不好？"甜甜还是说："怕怕。"乐乐有些着急，又对妈妈说："妈妈，我真的很想坐摩天轮。"妈妈说："要不，你明天再来坐摩天轮，行吗？明天，让爸爸陪你来。"乐乐很不高兴："妈妈，我现在就想坐摩天轮。"无奈，妈妈只好把皮球踢给甜甜："甜甜，陪着哥哥坐摩天轮，和妈妈玩游戏，好不好？"甜甜把头摇晃得和拨浪鼓一样，甚至迈着踉跄的步伐想要离开。无奈，妈妈只好带着乐乐和甜甜到一边继续商量解决之道。

没过多久，有一个单身大男孩排队等着坐摩天轮，乐乐问妈妈："妈妈，我可以和那个大哥哥一起坐摩天轮吗？"妈妈问："你害怕吗？"乐乐摇摇头，妈妈说："那么你需要和那个大哥哥商量一下。"乐乐走到大哥哥面前，勇敢地问："大哥哥，我可以和你一起坐摩天轮吗？我的小妹妹怕高，妈妈必须陪着妹妹。"大哥哥欣然同意，乐乐跑过来几步兴奋地告诉妈妈："妈妈，哥哥同意了！"就这样，乐乐和大哥哥一起坐了摩天轮，他兴奋极了，下了摩天轮之后就为妈妈讲述在最高点看到的景色。妈妈感受着乐乐的喜悦，也为乐乐的勇敢点赞。

在这个事例中，独自一人带着两个孩子去游乐场的妈妈，面临着进退两难的境地。一边是特别想坐摩天轮的乐乐，一边是惧怕坐摩天轮的甜甜，妈妈真想提议谁都不要坐摩天轮，但是看着乐乐期待的眼神，妈妈不能直接拒绝乐乐。幸好，这个时候，乐乐的视线里出现了一位大哥哥，所以乐乐才可以和大哥哥一起乘坐摩天轮。

在二孩家庭中，经常会发生两个孩子意见不统一的情况，对于父母来说，如果两个孩子相差无几、能力相仿，不如就让孩子们自己商议着去解决问题。如果两个孩子年龄相差悬殊，也不要一味地要求老大必须让着老二、必须根据老二的意愿去做很多事情。父母只有尊重老大，才能让老大更加接纳老二；若父母总是偏袒老二，老大必然对老二心怀怨恨。所以，明智的父母知道，手足间的相处是一个漫长的过程，需要从小到大不停地协调，才能越来越融洽。父母与其快刀斩乱麻地一刀切解决问题，不如尽量尊重每个孩子的意愿，并在每个孩子都表示同意的前提下，作出折中的选择。

俩宝打架，谁最愤怒

家中有二孩的父母，一定曾经有过看着两个孩子打得不可开交时抓耳挠腮的感觉，又是着急，又是生气，只恨自己为什么要生养两个孩子，有的时候妈妈还恨不得把其中一个孩子塞回肚子里去。可惜的是，孩子一旦出生，就再也塞不回肚子里了，妈妈必须理性面对孩子打架的问题，并作出正确的处理决策。

曾经，有一项针对二孩父母的网络调查，询问父母们在发现两个孩子打架的时候心情如何，又会选择怎样去做。结果显示，大部分父母都能保持平静和理智，甚至选择把老二强行带离，而很少有父母会大发雷霆，甚至要求大宝必须让着二宝、爱护二宝。这是时代的进步，新时代

的父母再也不会简单粗暴地对待大宝，也不会强行介入大宝和二宝的矛盾与纠纷之中。但是，现实真的和调查结果一样吗？当你真正成为二孩妈妈，你会发现，当两个孩子打得不可开交之时，你往往无法保持平静和理智，也许会本能地责怪大宝，甚至训斥大宝，对着大宝发脾气。可怜的大宝，为何要承受这样简单粗暴的对待呢？就因为他的妈妈还没有将情绪修炼到一定的境界。

妈妈是一个不容易扮演的角色，需要花费毕生的精力。随着孩子的成长，妈妈也在成长。在抚养老大的过程中，妈妈更多地在学习如何在吃喝拉撒等基本生理需求方面照顾孩子、满足孩子。而随着二宝的到来，妈妈不但要满足二宝的吃喝拉撒等生理需求，还要满足二宝的心理需求和感情需求。所以，面对二宝到来，妈妈接受的挑战更大，又因为家里有两个孩子，妈妈不得不面对双倍甚至更多的问题。对于妈妈来说，养育二宝的家庭环境和养育大宝时截然不同。养育大宝时，妈妈只需要全心全意照顾好大宝就行；养育二宝时，妈妈不但要照顾二宝，还要照顾大宝，尤其是这个阶段大宝已经长大，变得不那么容易满足，这就更需要妈妈在照顾好二宝之后要花费更多的时间和精力，用于关注大宝的心理健康，疏导大宝的负面情绪。

每一个妈妈在面对各种难题的时候，都会经过思考尽量给出趋于完美的回答，可理想都是丰满的，现实都是骨感的。当在现实生活中不得不面对两个宝宝歇斯底里的打闹时，妈妈常常感到无助而又无奈。从理智上，妈妈知道要让有能力的孩子独立解决冲突，但是，当他们真的展开大战，妈妈往往会立即怒火中烧，失去理智；妈妈也知道，在两个孩子发生冲突时，不要一味地训斥大宝、责怪大宝，但是，当争吵发生，

妈妈就是想不明白大宝为何都这么大了还不懂事，为何非要和二宝吵架争执，导致妈妈头疼欲裂，辛苦操劳一天却没有休息的机会和时间……正如前文所说的，理想是丰满的，现实是骨感的。对于两个孩子的妈妈来说，必然要承受这样类似于撕裂的痛苦，也会在犹豫不定和迟疑不决中，怀疑自己对于两个孩子的爱。

人非圣贤，孰能无过，不仅孩子是在错误中成长起来的，即使为人父母者，也是在培养和引导孩子的过程中不断犯错、踩着错误的阶梯持续前进的。当然，当父母是一场修行，是需要内外兼修才能做到心平气和的。也许，只有当了父母之后，我们才会知道真正的岁月静好是什么样子——爸爸带着两个娃，在一起开心地玩耍。可惜，在孩子成长的漫长时间里，这样如诗如画的画面只有短暂的一瞬间。大多时候，作为妈妈，我们在柴米油盐和孩子的哭天抢地之中感受着生活的烟火气息，感受着人生的脚踏实地。我们甚至习惯了这样喧闹的生活，如果哪一天孩子们突然安静下来，我们还会觉得心里空落落的，似乎少了什么呢！

记住，当两个孩子打架的时候，作为父母，我们一定不要成为那个最愤怒的人，否则整个局面都会失控。随着孩子的争执和矛盾不断升级，家庭也会陷入一锅粥的混乱状态，导致父母更加苦不堪言。正如曾经有人所说的，既然哭着也是一天，笑着也是一天，为何不笑着度过生命的每一天呢？我们也有一句话要送给二孩父母们：既然打着也是教育，笑着也是教育，为何不笑着教育呢？既然握紧并是教育，放手也是教育，为何不放手教育呢？当父母可以做到情绪平和，并积极主动对孩子放手，相信孩子的表现一定会让父母感到非常惊讶！

俩宝有规则，父母不要帮倒忙

作为二孩父母，我们似乎每时每刻都悬着心，因为不知道两个孩子什么时候就会争吵，甚至肆无忌惮地打架。有的时候，前一分钟还是晴空万里、阳光普照，后一分钟，孩子们就大打出手，哥哥脸上挂了彩，弟弟眼泪两行鼻涕两行。对此，父母未免感到抓狂：为何自从生了老二，我的生活就永无宁日？的确，老二的降生给整个家庭都带来了巨大的冲击，而老大首当其冲，自从老二到来，他的生活就发生了翻天覆地的变化。尤其是随着老二渐渐长大，他还常常会与老大爆发冲突，使得老大无辜受到牵连，时不时地就被父母呵斥一通。渐渐地，老大觉得内心越来越不平衡，对于老二的态度自然也就更加恶劣。

前文说了，俩孩子打架，父母一定不要成为最愤怒的人，否则就会导致整个局面都失去控制。其实，对于年纪稍微大一点的孩子，当孩子们之间发生矛盾和争执的时候，父母应采取的最好的办法就是静观其变，让孩子们不断地沟通和交流，从而成功磨合，想出最佳的处理方案。这么做看起来很浪费时间，因为必须给孩子们时间去相互协商，实际上是磨刀不误砍柴工。因为，当孩子们有过几次经验之后，就可以有的放矢、按部就班地处理类似的问题。相比起这种办法，很多父母觉得自己的处理方案更加节省时间，那就是喝令老大必须马上退出战斗，再抱起委委屈屈的老二进行一番安抚。如此一来，战争结束，老大只能找个没有人的角落去咽下自己的委屈，而不能对父母和老二提出抗议。仅从表面看起来，这个办法非常高效，可以瞬间结束战斗，而实际上，这是一个治标不治本的方法，非但无法从根源上解决问题，反而会因为父

母的偏袒而给老大与老二的相处埋下隐患。

　　细心的父母会发现，如果矛盾双方是同龄人，那么，一两岁的孩子也能想办法找出规则、解决问题。当然，也许他们不会有意识地制订规则，但是规则在他们的心里。所以父母不要舍本逐末，不要为了一时解决孩子们之间的问题而对孩子的矛盾和争执指手画脚。很多时候，不是孩子离不开父母，而是父母放不下孩子。有些二孩家庭的父母，总是提心吊胆地防备着孩子们发生争执，又总是在孩子们发生任何争执的第一时间冲锋陷阵。实际上，父母的出现打破了孩子之间的平衡，也让原本无关紧要的小问题被提升到更高的高度，或者让原本只有芝麻粒大小的瑕疵被无限放大。这当然不是理想的结局。

　　有的时候，父母对于孩子想出来的游戏规则或者相处规则感到不屑一顾，觉得孩子的规则太小儿科，不值一提。其实，不是孩子的规则不值一提，而是父母对于孩子的内心世界不了解，所以看不懂孩子的规则。有的父母在发现孩子的规则有失公平之后，甚至画蛇添足地擅自帮助孩子修改规则。最终，孩子们按照既定规则圆满解决问题，只剩下父母瞠目结舌，不知道自己的规则为何没有被采用。从这个角度来看，作为父母，我们不能自以为是，不能把成人世界的规则和价值衡量的准则套用到孩子身上。只有尊重孩子的成长节奏，尊重孩子内心的平衡，父母才能有效引导孩子解决问题，否则只是给孩子添乱而已。

　　作为二孩父母，要想家中出现期待已久的和平景象，我们就一定要管好自己，不要在孩子之间发生矛盾的时候不假思索地冲锋陷阵，否则，只能成为一个不受欢迎的破坏者而已。父母也要相信孩子们的能力，确信孩子们在一次又一次磨合之后，一定会找到让彼此都感到很舒适的相处模式,并真正建立相处的规则,对于维持彼此之间的秩序起到长效的积极作用。

冲突伴随着俩宝成长

二孩父母即使日思夜盼孩子们快快长大、彼此之间的冲突尽早结束,也不能改变一个事实,那就是冲突会始终伴随着两个孩子的成长。即便成年后,两个孩子之间也会偶尔发生冲突。正如人们常说的,有人的地方就有江湖,实际上,有人的地方就有冲突,更何况要在同一个屋檐下生活,而且要亲密相处、彼此共享很多的兄弟姐妹呢?又因为孩子的心智发育不完善,人生经验缺乏,所以他们的包容度和忍耐力都很低。这也直接导致孩子之间更容易频繁地发生冲突。细心的父母会发现,若两个孩子年龄相差悬殊,且其中有一个孩子是襁褓中的婴儿或者是低年龄阶段的幼儿的话,孩子间的冲突会较少发生。但是,如果两个孩子年纪相仿,都在经历同一个身心发展阶段,则他们之间发生冲突的次数就会比较多。这是因为,当两个孩子年纪相仿时,他们的身心发展特点和规律很相似,例如,一个三岁一个四岁的俩兄弟同时处于自我意识觉醒阶段,处于人生中的第一个叛逆期,随着不断地成长,他们会共同进入人生中的第二个叛逆期(6~8岁)以及青春叛逆期。这就像是两个快速运行的小行星,一旦发生撞击就会惊天动地。反之,如果兄弟俩一个是婴儿、一个已经十岁,那么,十岁的老大很少会和婴儿发生冲突,顶多因为老二的到来导致父母精力分散而觉得内心不平衡而已。这是情绪问题，需要疏导，却不至于真刀真枪地干架。等到婴儿渐渐长大，进入幼儿叛逆期，老大已经进入青春期，所以，尽管他们各有各的问题，却并不会发生大碰撞。当然，随着年龄的增长，老大更加懂事，也会爱护弟弟妹妹，这也有效缓解了冲突。

但是，这也只是缓解而已，在二孩家庭中，冲突绝不会不存在。这一切，要从儿童早期教育说起。作为伟大的教育家，特维克·史密斯教授曾经说过，孩子们解决争端、不断学习，正是从卷入争端正式开始的。例如，孩子只有经历被集体排斥，才能学会如何融入集体；只有被集体中的强势者强迫时，才会想方设法地增强自己的人际力量；只有在想玩一个游戏却不被先加入的人允许时，才会绞尽脑汁地去说服他人。但是，这样的学习过程需要一个条件，那就是父母不要过度参与其中，而要让孩子在具体的情境中主动自发地去寻求解决问题的办法。

两个孩子尽管生活在同一个家庭里，受到同一位母亲的孕育，却还是会有争执，这是因为他们都想成为被爱的那一个，都想成为父母最关注且最信任的那一个。在一次又一次的冲突中，孩子们始终在寻找答案：我被爱吗？我和其他孩子有什么不同吗？父母真的会不离不弃地爱我吗？我可以影响他人的决定吗？随着不断成长，孩子心中的疑惑越来越多，为此，他们与兄弟姐妹之间的矛盾冲突也越来越多。在解决冲突的过程中，孩子们也找到了答案。也有心理学家认为，手足之间发生冲突并不会影响手足之情，反而是手足之间相亲相爱的表现。有些兄弟姐妹，年幼的时候纷争不断，长大成人之后反而感情深厚。

父母何时介入俩宝的冲突最合时宜

前文说过，对于孩子之间的冲突，父母最好的处理方式就是作壁上观，把解决问题的主动权交给孩子。然而，这并不意味着父母始终不需要介入孩子之间的冲突，毕竟孩子年纪小，心智发育不够成熟，也缺乏经验。那么，父母何时介入孩子之间的冲突才最合适呢？

在传统的教育观念中，大宝一定要让着小宝，甚至有了小宝就对大的揠苗助长，要求大宝快速成长，早早有老大的样子，肩负起照顾弟弟妹妹的重任。不得不说，因为老二的到来就剥夺老大享受童年的权利，这对于老大是极大的不公平。即使有了老二，父母也要一如既往对待老二，如果老大因为老二的到来而郁郁寡欢，父母还要更加关注老大的感受。当然，在老二出生的时候，老大心理问题和情绪问题通常没有那么激烈，父母只须慢慢引导即可。随着老二渐渐长大，拥有自我意识，变得更加自我和自私，这个阶段，老大也没有完全长大，所以两个孩子之间的矛盾和冲突会更加激烈。

根据现代教育理念，老大不必因为大就必须让着小的。对于老二来说，既然要与老大相处，就要遵守彼此之间的规则和秩序。因此，父母不要一看到两个孩子之间发生争抢就马上介入其中。其实，孩子的规则与秩序和成人的不同，孩子对于价值的衡量也与成人的不同。很多细心的父母会发现，孩子进入幼儿园初期，甚至会拿着自己的一辆小汽车去和小朋友换一片树叶，这样的交换在成人的眼中简直严重失去平衡，而孩子们却乐此不疲。如果说成人决定是否交换的标准是价值，那么孩子决定是否交换的标准则是喜爱。对于孩子而言，也许对一片树叶的喜爱程度与对一辆汽车是一样的，所以他们才会这样心甘情愿地去交换。在手足之间，这样的交换也会存在。当老大发现老二正处于这样以爱好作为衡量是否交换的标准时，就可以与老二进行这种看似不公平的交换。

面对这样的交换，父母又该作何态度呢？看着老大用一个废弃的包装盒就换走了老二新得到的一包饼干，有些父母愤愤不平，甚至忍不住介入其中，指责老大欺负老二。殊不知，子非鱼，焉知鱼之乐？父母不是老二，更不知道老二从那个废弃的包装盒里得到了多少快乐，又有什么权利指责老大欺负老二，或者认为老二吃了亏呢？况且，随着不断成长，孩子必然长大，将来总要独立面对这个社会，父母怎么可能永远跟着孩子，告诉孩子哪次交易是占便宜了、哪次交易是吃亏了？

这样的交换往往可以让两个孩子的相处暂时处于和平之中。但是，生活并不总是这样风平浪静的，尤其是有两个孩子的生活，常常会毫无征兆地掀起惊涛骇浪。如果孩子之间的矛盾只限于争执或者吵闹，父母可以置之不理，让孩子们自己去解决问题。如果孩子之间的矛盾发展到拳脚相踢，而且父母确实看到伤害已经发生，那么就要及时介入。有的时候，孩子们争吵得很投入，甚至把作战范围扩大到整个家庭内，例如，因为吵架把饭菜打翻，这种情况下，父母就需要介入了。

还有一种情况，也是需要介入的，那就是某一种类型的问题，或者是同一个问题在不同的情境下反复出现，但是孩子们因为自身能力的限制和经验的匮乏，始终没有找到解决问题的方法。这时，父母就要及时介入，并且保持情绪稳定，从而引导孩子积极地解决问题。总而言之，父母是孩子们的监护人，也是孩子们在成长过程中的陪伴者。作为父母，我们一定要始终监管着孩子，在孩子们不需要的时候退而居其次，在孩子们需要的时候，马上责无旁贷地肩负起重要的责任和义务。父母恰到好处地引导，才能帮助孩子们友好相处，并在长期相处的过程中摸索出正确的解决之道。

第 10 章
别让矛盾隔夜，两个孩子之间的问题如何调节

在非独生子女家庭里，父母最大的心愿就是协调好孩子之间的关系，这样才能增进手足感情。然而，对于孩子们而言，想要好好相处并非一件容易的事情，尤其是对年幼的孩子们来说，他们总是不知不觉间就会发生矛盾，也常常爆发各种冲突。对此，父母要及时调节孩子们的关系，不让孩子们因为隔夜仇而更加疏离。

怎样消除老大愤愤不平的情绪

面对老二的到来，很多老大都会产生愤愤不平的情绪，甚至觉得自己失去了父母的爱，因此对老二心生反感。当负面情绪不断积累，老大会越来越感到内心失去平衡，甚至因此而变得异常顽劣，故意调皮捣蛋。那么，如何才能消除老大的负面情绪，让老大可以做到情绪平静，从而更好地与父母和小宝宝相处呢？对于父母而言，这是一个难题，也是一个挑战。有些父母性格暴躁，一开始还能耐心地给老大讲道理，但是，在发现讲道理的效果不那么明显的时候，他们说不定会因为情绪冲动而动起手来，试图以这样简单粗暴的方式在短时间内控制事态发展，对老大形成震慑力。

不得不说，打的方式是最见效的，这不是因为父母在老大心中有威信，也不是因为老大对于父母的教诲心服口服，而是因为每个人都怕疼，每个孩子都不愿意挨揍。但是，这真的不是一个好办法，尽管效果立竿见影，但是会带来很多负面影响——不但让亲子关系变得紧张，也会让手足相处有一个糟糕的开始。所谓打在儿身，疼在娘心，妈妈一时冲动打完孩子之后，说不定还会陷入无限的懊悔之中。然而，说出去的话如同泼出去的水，是收不回来的，同样的道理，打在孩子身上的巴掌，也是收不回来的。所以，要想成为好妈妈，首先要控制好自身的情绪，这样才能做到心平气和地面对孩子，才能以最佳的方式协调孩子之间的矛盾和纷争。

  妈妈还要认识到一点，老大出生的时候是三口之家里唯一的孩子，他们很有可能习惯了被全家人众星拱月地对待。老二出生之后，老大不再是家庭生活中唯一的重心，所以难免会感到愤愤不平，内心也会失去平衡。对于整个时代而言，妈妈在生养二孩的同时，会有意识地关注老大的情绪和心理状态，且特意多多照顾老大，这是时代的进步。所以，意识到问题就要积极地想办法解决问题，跟上时代的脚步。作为家庭的监护人，父母千万不要动辄打骂孩子，也可以说，只有对孩子的管教黔驴技穷的父母，才会总是这样对待教育问题。

  常言道，解铃还须系铃人，对于父母而言，最重要的不是制止老大叛逆的表现，而是要找到引起老大不满的根源。唯有从根源着手，深入彻底地解决问题，才能一劳永逸。所以，父母也要关注老大的言行举止和心态表现，这样才能知道老大的所思所想，从而给予老大心理和感情上的满足。举个简单的例子，如果老大是因为弟弟或者妹妹可以喝奶而不平衡，故意在弟弟或者妹妹喝奶的时候捣乱，那么妈妈可以主动提出让老大也喝奶；或者，如果老大觉得妈妈的奶不好喝，妈妈还可以为老大准备一个奶瓶，让老大喝大龄配方的奶粉。这样一来，老大自然就不会在弟弟或者妹妹喝奶的时候故意捣乱。

  每当妈妈特意给老二某种待遇的时候，老大看在眼里，一定会感到不满意，也会因此而故意捣乱，甚至与妈妈作对。因此，为了消除老大由此产生的不满，妈妈可以先让老大享受这样的待遇，这样一来，老大自然会觉得内心平衡，也就不会故意捣乱。总而言之，妈妈要看到老大

行为背后的深层次心理原因，这样才能有的放矢地解决问题；若一味地抱怨和责备老大，导致老大心生叛逆，则其恶劣的言行将更加过激。情绪是人的主宰，也是人的言行举止的驱动力，所以，妈妈只有疏导好老大的情绪，才能把话说到老大心里去，才能使得对老大的教育事半功倍。

在同一个家庭里生活，老大的情绪绝不仅仅关系到他自己这么简单，当老大情绪平和愉悦，亲子关系、手足关系都会得以有效改善。所以，妈妈要认识到，老大在整个家庭中所处的重要地位，起到的重要作用。

当老大欺负老二，父母要关注老大

老大为何会欺负老二呢？老二那么小、那么可爱，让人一眼看去就忍不住要保护他，为何老大还偏偏要欺负他呢？很多妈妈对于这个问题都百思不得其解，在妈妈心中，最理想的状态是老大能和妈妈一样真心疼爱老二，也拼尽全力呵护老二。但是，这怎么可能呢？首先，老大自己就是个孩子，在老二到来之前，他们独享父母和长辈所有的关爱与照顾，而在老二到来之后，父母的时间和精力难免分散，为此，老大很容易内心失去平衡。其次，老二与老大常常处于竞争关系，他们竞争的对象就是妈妈的爱，当妈妈无形中关爱老二更多一些，老大就会愤愤不平。最后，老二还小，不太懂事，所以难免会与老大发生各种矛盾和争执，这种情况下，老大必然也据理力争，维护自己的合法权利和利益。

所以，妈妈不要对于老大欺负老二的事情特别敏感和紧张，要将其当成二孩家庭中再正常不过的情况去对待。

面对老大欺负老二的事实，妈妈要理性分析。很多时候，是不懂事的老二先去招惹老大，老大被弄得不堪其扰，才会反击。这种情况下，力量上处于弱势的老二必然吃亏，所以也就形成了老大欺负老二的假象。从本质上而言，谁欺负谁还不一定呢！此外，当看到力量薄弱的老二哭得伤心且委屈的时候，妈妈一定不要不分青红皂白就批评老大，这样不但无法起到教育老大的作用，还会导致老大因为愤愤不平而做出更过激的举动。所以，妈妈要先修炼自己的情绪和心性，才能在孩子们吵得不可开交的时候保持情绪平静，从而保持智商处于正常的水平。否则，妈妈一旦歇斯底里，导致思想不清楚，就会错误地处理孩子之间的矛盾和纠纷，也无法有效引导老大舒缓情绪、控制事态。

当然，老大故意欺负老二的情况也是存在的。在有的二孩家庭里就曾经发生过这样的情况，即趁着妈妈不注意的时候，老大会故意打老二一巴掌，或者拧老二身上不为人注意的地方。有一个妈妈就是发现老二身上隐蔽处有淤青，这才发现老大偷偷打老二的事实。对此，妈妈真是提心吊胆。当老大对于老二积怨已久的时候，妈妈一定要注意保护好老二，当然，也要更加关注老大的心理问题，从而及时疏导老大的负面情绪。对于始终生活在一起的两个孩子，妈妈总是防不胜防，既然如此，不如从问题的根源入手，卓有成效地解决问题。

之所以会发生老大故意欺负甚至伤害老二的情况，最主要的原因是妈妈忽略了老大的感受，过度地委屈老大、疼爱和宠溺老二。妈妈一定要端正思想，不要以为只要孩子们发生矛盾，就是老大在欺负老二。其

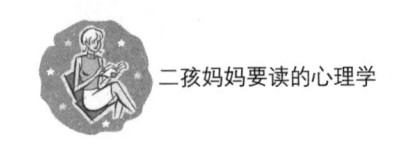

实，老二也很有可能欺负老大。所以，当孩子之间发生矛盾时，妈妈要以公平的态度面对，并采取恰当的措施解决问题。

那么，老大为何要欺负老二呢？这就要从老大的内心失衡说起。通常情况下，老大之所以欺负老二，是因为他们觉得自己没有得到爸爸妈妈的关注，因而故意以这样的方式吸引爸爸妈妈的注意。当妈妈把所有的时间和精力都用于照顾老二时，老大更会着意吸引妈妈的注意。在这种情况下，看到老大表现出来的不当行为，妈妈如果不能洞察老大渴望得到妈妈关注的心理状态，反而不由分说、劈头盖脸对着老大一通数落，老大就会内心失衡、充满愤怒。从这个角度而言，妈妈在发现老大欺负老二之后，一定要采取正确的应对措施，而切勿批评老大。当妈妈给予老大更多的关注，让老大感受到妈妈的关爱，渐渐地，老大确定妈妈是很爱自己的，获得了安全感，他们的过激情绪就会有所缓解，他们也会在妈妈给予的爱与温暖之中最终彻底消除负面的情绪和过激的反应。

看到这里，有的妈妈会担心：如果更多地关注老大，那么处于弱势的老二又是否会产生不满的情绪呢？会不会因为被父母忽视而感到内心忐忑不安呢？放心吧，老二可不会这样。细心的父母会发现，也许是因为一出生的时候家里就有两个孩子，所以老二总是心思灵活，也比老大更懂得如何赢得父母的关注和爱护。人们总是说老二比老大更会讨人欢心，也有这方面的原因在起作用。

如何协调俩宝之间的战争

在二孩家庭里，不管两个孩子的年纪相差多么大，也不管他们是同性还是异性，他们之间一定会发生矛盾，乃至大打出手。这与妈妈是否给了两个孩子公平的爱、两个孩子是否手足情深、家庭氛围是否和谐融洽都没有必然的联系，而是孩子的天性使然。当然，年纪悬殊大的两个孩子打架的概率会小一些，年纪悬殊小的两个孩子打架的概率会更大。如果两个孩子是双胞胎，那就注定了他们要在打打闹闹之中长大。常言道，不打不相识，对于孩子们而言，也是同样的道理。有人说，那些在小时候打架凶的兄弟姐妹，长大之后关系会更加亲切，感情也会更加深厚。这是因为，在一次又一次的矛盾与纷争之中，孩子们从误解到相互理解，彼此更加了解和熟悉、理解和宽容，最终找到了相处之道，并形成了相处的规则，所以在未来的日子会更加相亲相爱。

当两个孩子打得不可开交时，妈妈一定会感到抓狂。所谓手心手背都是肉，妈妈也许会斥令老大不要和老二打闹，但是，如果老大受伤，妈妈同样很心疼。其实，如果孩子们年纪相仿，力量都有限，打起架来势均力敌，那么父母完全可以不加干涉，就让孩子们去打，这样孩子们反而打着打着就和好了。如果说孩子们之间打架是两方的力量，那么，一旦父母介入，就会变成三方的力量。相对于孩子们而言，父母的力量更加强大，所以，只要父母稍微偏向谁，就会打破孩子们之间原本微妙的平衡，导致孩子们之间产生误解，甚至彼此敌对和仇视。因此，只要打架不严重，父母就要抑制冲动，不要随便介入孩子之间的"战争"。特别是对于妈妈来说，更是要注意这个方面的情况。通常情况下，妈妈照顾孩子们更多,所以孩子们与妈妈的感情更深,妈妈在他们心目中的分量也更重。若妈妈一不小心偏向其中一个孩子,另外一个孩子一定会非常伤心,也会因此而把心中由失落引起的愤怒发泄到另一个孩子身上。可想而知,这只会导致事情变得更加糟糕和被动。

当然,如果孩子们因为某件事情变得异常愤怒,妈妈便不能再只作壁上观。首先,在战争愈演愈烈的时刻,为了及时止损,避免孩子们互相伤害,妈妈要当机立断,从中间分开两个孩子。很多妈妈会情不自禁地抱起自己偏爱的孩子,然后再解决矛盾,然而,这样会让另一个孩子感觉自己被孤立,他们又如何能够恢复平静呢?其次,妈妈在当调查员的时候,要公正地对待两个孩子,给予他们同样的阐述事实的机会和时间,也要保持中立的态度认真听取他们的说法。这一则是为了公平,二则是为了让孩子们相信妈妈的确是认真负责的。再次,妈妈协调好两个孩子之间的矛盾之后,一定要趁热打铁,让孩子们彼此抱一抱,握手言和,这样孩子们才能尽快消除隔阂,变得和以前一样亲密无间。最后,如果需要道歉,最好让两个孩子针对自己做错的地方向对方道歉,这样一来,每个孩子都有机会反省自己的错误,也可以更加深刻地反省自我,形成客观公正的自我认知。妈妈要知道,孩子的成长是漫长的过程,需要父母多多引导,也需要父母给予孩子爱的陪伴。当妈妈不易,当好妈妈更不易。在当妈妈的路上,我们注定了要全力以赴、砥砺前行、面面俱到,把每一件事情都尽量做得完美。

放心吧，哥哥姐姐都会到来

面对整日只顾着和二宝打架的大宝，妈妈简直后悔自己生了两个孩子，否则也不会陷入这样被动尴尬的局面。以前只有一个孩子的时候，妈妈只需要担心孩子走出家门和小朋友们一起玩的时候会不会打架，现在家里不止一个孩子，妈妈即使在家里待着，也担心孩子们会随时打起来。妈妈总是抱怨："人家都说老大可以帮忙带着老二，看看我家的老大，自己还玩心未泯呢，恰恰是他常常与老二打架、欺负老二，什么时候才能变成真正的哥哥/姐姐呢！"没错，在被两个孩子累得身心俱疲的时候，妈妈一定会感到很懊丧，也会很着急，想知道到底什么时候老大才能成为哥哥/姐姐，帮着妈妈照顾老二。别着急，这样的日子很快就会到来，也许，在妈妈不经意的时候，老大已经成为懂事的哥哥/姐姐了。

在家里，只相差两岁的双双和对对每天都会打架若干次。妈妈稍不留神，他们就纠缠在一起，因为一件不值一提的小事情，先是吵架，后是动起手来，简直让妈妈崩溃。

有一天，双双去家门口的小公园里玩耍，家里只有妈妈和对对，妈妈真是觉得难得清净，整个世界似乎都变得安静起来。妈妈带着对对睡了个午觉，起来之后，才发现已经到了傍晚，双双一定玩得高兴，都忘记回家了。为此，妈妈带着对对一起去公园里找哥哥。看到哥哥，对对也马上跑过去玩。那是一个小沙坑，里面有好几个年纪相仿的孩子，对对最小。玩了一会儿，双双和其他小朋友跑开了，沙坑里，只剩下对对和另外两个年纪稍大的孩子。很快，妈妈发现专心玩沙的对对受到了攻击，原来，那两个小朋友觉得对对太小，就想把对对挤走，这样他们就

可以畅快地在沙坑里玩。妈妈正准备去干涉一下，保护对对，没想到这个时候双双飞快地跑过来。妈妈看到双双跑得飞快，以为发生了什么事情，赶紧查看周围的情况，没想到双双径直跑到沙坑里，和对对一起玩了起来。玩了一会儿，双双还大声对另外两个小朋友宣称："这是我的弟弟。"从这个时候到回家前的半个小时里，双双都没有离开，而是一直和对对在沙坑里玩、保护对对。妈妈的眼眶不由得湿润了。

回家的路上，妈妈由衷地对双双竖起大拇指："双双，你今天真的是大哥哥啊，都能保护小弟弟了。"双双不知道妈妈在说什么，妈妈看出双双的迷惘，说："你看，今天弟弟被人欺负的时候，你就像超人一样飞奔过来，看到你这个勇敢的哥哥，就没有人敢欺负弟弟了。"双双不好意思地笑起来，说："原来是这事啊！我是哥哥么，就应该这么做。"此后的时间里，妈妈发现双双"哥哥心"爆棚，处处都让着对对，即使在家里，也很少再与对对争吵和打闹。

妈妈要放心，当孩子成长到一定的年龄段，他们自然会成为哥哥/姐姐，主动照顾好弟弟/妹妹。最重要的在于，妈妈要给孩子们时间，不要催促孩子们快速成长，而要耐心地等待孩子们按照生命的节奏成长。

每个孩子，在成长过程中的表现都是不一样的，作为妈妈，我们要接纳每个孩子本来的面目。尤其是对于老大，一定要更加关注和宽容，也要给老大时间慢慢长大。这种情况下，就算父母不要求老大照顾老二，老大也会主动罩着老二，表现出当哥哥/姐姐应有的气度。

第 10 章 别让矛盾隔夜，两个孩子之间的问题如何调节

不大不小的中间娃最容易被忽视

除了大多数独生子女家庭、二孩家庭之外，也有少数的家庭里有至少三个孩子。相比起二孩家庭，三个孩子的家庭又多了一个孩子，那么，一切是不是变得更加复杂了呢？的确，在三个孩子的家庭里，除了老大和老幺之外，多了一个位于中间的孩子，那就是老二。不得不说，老大出生的时候，是三口之家里唯一的孩子，所以会得到父母的关注和照顾；老二出生的时候，是家里的第二个孩子，也还是可以被父母关爱的。而等到老幺出生，老二就变成了既不大也不小的中不溜孩子，父母在老大身上寄予殷切的期望，在老幺身上付出大多数时间和精力，很容易在不知不觉之间忽略了老二。

当然，父母绝不是故意忽视老二，而是因为老大是第一个孩子，老小是最小的孩子，所以无形中就忽略了老二。很多父母在生下老二之后，如果意外怀孕，往往会选择生下老幺，因为，已经作好一切准备迎接老二到来的他们，对于再养育一个孩子的畏惧似乎变小了。只是，一旦老幺降生，老二得到父母更多的爱与关注的日子，就一去不返。有些老二还没断奶呢，因为有了老幺，所以只能断奶。妈妈就算有三头六臂，也不可能在每个孩子身上都投入相同的时间和精力，这个时候，老大已经可以简单自理，妈妈自然会把关注点放在老幺身上，而老二只能跟跄着自由行动，时而嘬着手指头羡慕地看着老幺在妈妈温暖的怀抱里吃奶。和哥哥/姐姐或者弟弟/妹妹相比，中间的孩子往往是最容易被忽视的，也最容易因为父母的偏爱而产生不满的情绪。

林林还不到四岁，森森出生了。这个时候，木木读二年级，学习

非常紧张；而刚刚出生的森森身体瘦弱，经常饿得哇哇大哭，总是要吃奶。为此，妈妈一边忙着辅导木木学习，一边忙着照顾森森，林林则完全交给阿姨照顾。

有的时候，阿姨要回老家探亲几天，妈妈因为一个人分身乏术，所以只好让阿姨带着林林一起去探亲。就这样，妈妈整天忙啊忙啊，几乎没有自己的时间，更不可能休息。转眼之间，森森都已经会下地跑了，妈妈才突然发现自己已经忽略了林林太久。那一天，有亲戚来家里做客，全家人邀请客人去饭店里吃饭。妈妈只顾着喂森森，客人突然惊叹道："林林自己吃饭，吃得可真好，刚才还独立去卫生间小便了呢！"客人一语惊醒梦中人，妈妈这才发现林林长大了，但是恍惚之间，她竟想不起来林林何时长大的。她对客人说："没有森森的时候，林林出门还经常让抱着呢，现在不管去哪里都是跟着走，也不叫苦叫累，他知道我实在腾不出手来抱着他。"林林懂事地说："妈妈要抱着小弟弟，我和哥哥一起走，我已经是大孩子了。"妈妈不由得心酸，眼泪差点儿掉出来。

都说家里的老小会得到父母更长时间的照顾和关爱，因此，有了森森之后，林林突然间被忽视，分身乏术的妈妈根本没有更多精力照顾他。为此，林林不得不快速长大，在阿姨的照顾下，迅速发展自理的能力，这样才能更好地照顾自己。难怪民间有句话说，在一个家庭里，当有了小宝宝，老大自然就懂事了、就能够自理了，这就像是长江后浪推前浪，先出生的孩子总是被后出生的孩子以生命的神奇力量推动着不断成长、一路向前。

对此，妈妈要多多关注中间的孩子，也要给予中间的孩子更多的爱。通常情况下，妈妈对于老大寄托了很大的期望，甚至把振兴整个家庭的重任都放在老大的肩上，为此，妈妈要有意识地减少对老大的干涉。又因为老小最小，妈妈难免会更加偏爱甚至是溺爱老小，然而，过度的娇惯常常会让老小任性妄为。因而，妈妈要减少对老小的溺爱。只要妈妈把对老大的关注和对老小的溺爱分一些给中间的孩子，就能够为中间的孩子营造良好的成长环境。

当然，中间的孩子虽然被忽视，但是反而可以得到很多成长的便利条件。他们不曾像老大一样被寄予重望，也不曾像老小一样被妈妈泛滥的爱骄纵坏了，虽然被忽视，得到较少的关心和爱，但是他们的成长环境反而更加自由自在、舒适惬意，也因为小小年纪就要负责照顾好自己，他们往往会拥有更强的自理能力。看到这里，妈妈一定已经知道要如何均衡对于三个孩子的爱，以使三个孩子都在快乐简单、轻松自由的环境里成长。

让孩子不担心妈妈会被抢走

三岁之后，孩子们都要上幼儿园，不得不说，这对于孩子的人生而言，是具有重要意义的一步。从上了幼儿园，孩子们就算正式踏足社会、进入了集体的环境中学习和生活。那么，在二孩家庭里，到底是老大上幼儿园难，还是老二上幼儿园难呢？很多父母误以为，老二年纪小，更加依恋父母，所以肯定是老二上幼儿园难。但是，当老二也上了幼儿园，细心的父母就会发现，相比老大当初上幼儿园的表现，老二上幼儿园并没有想象中那么难。这是为什么呢？

　　首先，老大出生的时候是三口之家里唯一的孩子，又是父母的第一个孩子，所以往往会得到父母加倍的疼爱和照顾，而且，老大能够长时间与父母亲密接触，所以与父母之间的感情非常深厚。尤其是对于妈妈，老大很容易出现黏着妈妈的情况，因为妈妈担负着照顾婴幼儿的重任，在孩子年幼的这段时间里，妈妈和孩子接触更多。其次，从妈妈的角度来说，要把自己捧在手里怕摔、含在嘴里怕化的孩子一下子交到幼儿园去，是一个很大的挑战。甚至有很多心理专家说，不是孩子离不开妈妈，而是妈妈离不开孩子，其实这话是很有道理的。每到九月份的开学季，孩子最初入园的时间里，幼儿园门外总是徘徊着很多心急如焚、恨不得马上冲入幼儿园里看孩子的妈妈。有些妈妈甚至因为过度牵挂孩子而出现幻听的情况，她们明知不可能，却还是听到了孩子在幼儿园里撕心裂肺的哭声。最艰难的是在教室门口与孩子分离的时候，老师再三告诉妈妈不要因为孩子哭了就心软，一旦把孩子交到老师手中，就要马上离开，但是妈妈就是不听，躲藏在门外的某个地方，时常伸头探脑看看孩子。一旦被孩子发现，自然又惹得孩子哭泣。这么想来，当幼儿园老师也真的很不容易，不但要照顾孩子，还要安抚焦虑的妈妈们。

　　其实，孩子适应环境的能力是很强的，他们之所以在初入幼儿园的时候不停地哭闹，是因为他们没有类似的经验，不确定妈妈在离开之后是否还会回来接他们。很多孩子甚至误以为自己会就此被抛弃，因而哭得撕心裂肺。相比与妈妈的亲密无间的老大，老二出生的时候，妈妈已经有了一个孩子，所以无法像对待第一个孩子那样把所有的时间和精力都投放在老二身上。因此，在成长的过程中，老二不知不觉间就接受了妈妈同时爱两个孩子的事实，心理上对于妈妈的依恋也就不会那么强烈。

要想帮助孩子缓解入园焦虑，妈妈就要帮助孩子增强安全感。很多孩子由妈妈亲自带大，总是与妈妈亲密相处，因而会有很严重的分离焦虑。对此，妈妈可以有意识地与孩子分开短暂的时间，并且向孩子承诺妈妈很快会回来。这样反复训练，孩子最初看到妈妈离开也许会哭，但是随着妈妈按时回到他身边的次数越来越多，他就会相信妈妈一定会回来。这种情况下，妈妈还可以循序渐进地延长离开的时间，让孩子渐渐适应在一天的时间里看不到妈妈。渐渐地，孩子对于分离就能够接受，不会再黏着妈妈不愿意放手。

孩子的成长是漫长的过程，从娇弱的新生儿到身强体壮的青少年，孩子们不但需要摄入充足的养分，也需要在精神和情感上不断强大起来。还有一个情况是妈妈需要特别注意的，那就是当老大达到入园年龄的时候，家里已经有了老二，如此，老大会更加排斥和抗拒去幼儿园。一则他们担心妈妈有了新的孩子，会抛弃他们，二则他们也心理不平衡，想不明白为何弟弟/妹妹不需要去幼儿园，但是他们必须去。当然，这依然可以归结为以上的原因，那就是孩子没有感受到父母确定的、充足的爱，感到内心惶恐，并缺乏安全感。妈妈一定要给孩子这样的信心，帮助孩子快快乐乐地融入集体的生活之中。

第 11 章
友好的相处模式，是需要聪明妈妈着力培养的

如果二孩妈妈能在大宝和二宝之间建立良好的相处模式，则大宝和二宝的相处就会更加顺利，俩宝建立友好关系水到渠成，手足之情也会更加深厚。这一切，不正是妈妈生育二孩的初衷，也是妈妈真心想要看到的吗？所以，妈妈一定要重点培养两个孩子之间友好的相处模式，这样才能让两个宝贝和谐融洽、其乐融融。

怎样帮助俩宝建立良好的相处模式

二孩父母在被孩子之间的矛盾冲突弄得不堪其扰时，一定想要找到某种办法，从而可以有效地协调两个孩子的关系，也让孩子们手足情深、相亲相爱。这无疑是四口之家的理想生活模式，也是父母最期望看到的一切。但是，每个人都是独立的生命个体，都是这个世界上独一无二的存在，两个孩子尽管来自同一个家庭，有着共同的基因提供者，但也会不同。即便是长得看起来一模一样的同卵双胞胎，其内心深处也是大不相同的。

从这个角度而言，要想在两个孩子之间建立程式化的相处模式，根本不可能。古今中外，无数的哲学家、教育家都在教育孩子的道路上探寻，却始终没有绝对正确的教育方法和教育观念。对于从未经过岗前培训就无证上岗的父母来说，教育孩子更是摸着石头过河，只能不断地摸索探求，并持续地付出和努力。又因为各家的父母也是截然不同的，所以父母只能以自身的文化储备、思想观念为基础，竭尽所能地给予孩子最好的引导和教育。

人们常说，血浓于水，血缘亲情的关系是非常神奇的，这也使得手足情深成为水到渠成的事情。尽管在相处过程中孩子们会持续地争执打闹，甚至彼此之间暂时产生隔阂，但是这都不能让孩子们退缩。因为，在成长的道路上，他们是最坚定勇敢的前行者，在有了兄弟姐妹的陪伴之后，他们不再孤独寂寞。很多父母都为孩子相处不好而担忧，也害怕孩子们作为一母同胞却不能建立相互依存和扶持的深厚感情。其实，父母完全无须过分紧张，因为手足之情发乎天然，可以顺其自然发展，而无须刻意去经营和左右。

当父母发现孩子之间的相处出现小问题的时候，诸如有摩擦和矛盾，有泪水和委屈——不要着急，就这样看着兄弟姐妹继续携手并肩向前走，他们终将越走越近，也走入对方的心里去。有的时候，父母过于急躁地干涉，反而会破坏手足情谊。很多父母都有一个有趣的发现，那就是手足之间尽管在成长的过程中打打闹闹，但是，一旦遇到外在的危险，他们马上会团结一致、对抗危险。有的时候，哪怕前路迢迢，他们也能充满勇气、一往无前。这份勇气来自于哪里？来自血浓于水的亲情，也来自父母的信任和托付。

明智的父母会给两个孩子创造更多的机会相处，因为父母知道，孩子们还小，不能完全协调好关系，总会经历从最初见面时的甜蜜，到相看两厌时的烦躁，再到彼此敌视时的虎视眈眈，到最后让一切不愉快烟消云散，再次回到彼此亲近的最初这样一个过程。正是在这个过程中，手足之情渐渐形成，兄弟姐妹之间经历了必然的冲突打闹，变得越来越深爱对方、理解和信任对方，并把对方当成在这个世界上除了父母之外最亲近的人。

二孩父母，要学会对孩子的相处放手，既然没有一种相处模式对于兄弟姐妹而言是万能的且最好的，那么父母要做的就是给孩子空间，让孩子自由自在地成长，以找到彼此依存的最合适的姿态。

帮助俩宝建立规则，形成责任感

前文说过，当孩子有一定能力且问题也不那么复杂的时候，他们会想办法制订规则，尽管这种规则诞生时他们正处于无意识的状态，但是，只要能对他们的相处起到积极的作用，那就是好的规则。那么，当孩子能力不足，且问题频繁出现并非常复杂的时候呢？父母难道还要作壁上观，眼睁睁地看着孩子们陷入更加剧烈的纷争之中，直到闹得不可开交，结果也不可收拾吗？当然不是。尽管手足亲情是与生俱来的，且要经得起各种考验，但是，在必要情况下，父母还是应该尽量帮助孩子们维护手足之情，使孩子们形成对彼此的责任感，也让手足关系发展得更加顺利，手足亲情更加深厚浓醇。

在二孩家庭中，如果两个孩子不是双胞胎，那么总会有一定的年龄差距，所以，针对各个孩子的规则是有所区别的。例如，一岁半的妹妹还需要妈妈喂饭，但是五岁的姐姐必须独立吃饭。对于这样的不同规则和待遇，五岁的姐姐刚好处于自我意识发展的敏感期，所以难免会对妈妈提出意见："妈妈，为何妹妹可以坐在你的怀里，让你喂饭，我却不能呢？"对于孩子的这个问题，大多数妈妈会不假思索地回答："因为妹妹还小，你像妹妹这么大的时候，也是坐在妈妈的腿上，由妈妈喂饭的。"这是理性的回答，完全符合情理，对于成人而言很容易理解，但是，对于只有五岁的姐姐而言，尽管妈妈说得合情合理，她却不能理解。在这种不理解的状态下，姐姐难免会感到内心愤愤不平，也会觉得妈妈偏向妹妹。那么，如何避免这种情况的发生呢？

很多父母都陷入过这样的困境，一则要照顾小宝，二则要照顾大宝的情绪，还要想方设法说服大宝不要和小宝争风吃醋，但是，这谈何容易！在心理学上，有一种思维方式，叫作逆向思维，简而言之，就是告诉人们，如果正门走不通，可以走后门。那么，当父母调整思维、逆向考虑时，会有怎样的惊喜发现呢？大多数父母都会一拍脑门，如果既不想让大宝的行为倒退，又没有那么多时间和精力同时照顾两个孩子，为何不拔高对二宝的要求，让二宝遵从大宝的行为规则呢？看到这里，很多父母一定会惊呼：怎么可能，如果两个孩子年龄相差特别大呢？然而，如果二宝一岁半、大宝已经十几岁了，那么大宝自然不会强求妈妈也要像喂二宝那样给他喂饭菜。所以，我们这里讨论的情况，就是大宝和二宝年龄相差不大的情况下，可以提升对二宝的要求，让二宝也以大宝的行为规则为准。有的父母担心二宝不会好好吃饭，其实，孩子饿了，自然就会吃饭，七八个月的孩子就会本能地把食物塞入嘴巴，所以，妈妈只要保证提供给二宝的食物是安全的，不会导致危险发生，并作好心理准备接受二宝把餐桌弄得乱七八糟的情况，就没有任何问题。

提升对于二宝的要求，让二宝也遵从大宝的规则，还可以促进二宝的成长和发展。孩子的潜力是无穷的。而且，如果让二宝从小就习惯于按照大宝的规则来，他会理所当然地认为自己就应该像大宝一样被如此对待，所以对于规则不会有过激的举动和强烈的反应。例如，在大宝上小学之前，二宝和大宝一样每天可以看电视一个小时，等到大宝上了小学，大宝每天只能看电视半个小时，妈妈只需要把这个规则通知二宝即可，相信二宝会觉得他理应和大宝一起看电视，而不在乎时间的长短。孩子的接受能力超乎父母的想象，尤其是对处处以大宝为纲的二宝而言，和大宝一起做很多事情是理所应当的。在此之余，二宝没有作业要做，妈妈可以给二宝布置画画的任务，这样，二宝在大宝写作业的时候可以画画，就不会觉得乏味无聊。

作为二孩家庭的父母，我们一定不要总是紧张焦虑，乃至把各种负面情绪传递给孩子。只有父母放松心情，保持愉悦的情绪，才能让孩子也有好心情。父母顾虑太多，只会让孩子的成长受到禁锢。当父母放开手脚养育孩子，给孩子广阔天地，孩子自然会有更大的成长空间，有更充实精彩的人生。此外，为了督促大宝执行各项规则，父母还可以把督促二宝的工作交给大宝去执行，这样一来，大宝就会具有更强的自律力，也会时时处处要求自己成为二宝行为的楷模和榜样，这岂不是一举两得吗？从这个角度来看，二孩父母还要学会"投机取巧"，才能在教育孩子的过程中利用可以利用的资源和便利条件，以让两个孩子相互牵扯，成长事半功倍。

当俩宝统一战线

在引导孩子们建立规则、遵守规则之后，父母并非就高枕无忧了。有的时候，二孩父母会面临一个很尴尬的问题，那就是有两个孩子虽然有双倍的快乐，但是也有双倍的烦恼，特别是当亲子关系处于对立状态时，还会面临双倍的压力。独生子女的父母一定知道，有的时候，一个孩子犯起倔来，都能把人气得头昏眼花，那么，当两个孩子一起发脾气犯倔的时候，父母又该怎么办呢？一起训斥俩孩子？万一他们反抗起来，小嘴叽叽喳喳说个没完，父母未必是孩子的对手。一起打骂两个孩子？现在的孩子都是人小鬼大，说不定就会一时冲动给父母出什么难题，所以当父母的也是提心吊胆，再也不是只须管孩子吃喝拉撒那么简单。新时代的人意气风发、斗志昂扬，就连父母都需要不同以往的智慧、气魄和胆识，更要心思灵活，与孩子斗智斗勇，才能肩负起一个合格教育者和引导者的责任。

当两个孩子统一战线挑战家庭规则的时候，父母要HOLD住、要淡定，这样才能保持理智的头脑和高水平的智商，才能与孩子迂回曲折进行战斗。父母一旦气昏了头，被愤怒控制住，就会失去家庭教育的主动权，也会在孩子面前变得被动。心理学家经过研究证实，愤怒会使人的智商瞬间降低，作为父母，我们当然要摆脱愤怒，在神志清明的状态中教育孩子、引导孩子，给予孩子最好的成长氛围和环境。

天色晚了，已经读一年级的航航需要在八点半准时洗漱，在九点准时上床睡觉。为此，妈妈要求弟弟瑞瑞也遵守这个作息时间。然而，今天是周末，航航很想打破规矩，晚一点儿睡觉，为此，他和妈妈商量："妈妈，明天是周六不用上学，我可以晚一个小时睡觉吗？"妈妈想了想，说："不可以，即使周末，也要保持良好的作息习惯。"航航眼睛骨碌碌一转，说："但是妈妈，我还要和瑞瑞一起玩积木呢！"听到哥哥这么说，瑞瑞马上心领神会，当即化身为哥哥的援军，说："妈妈，妈妈，我也要晚一个小时睡觉。我要和哥哥玩积木。"就这样，两个孩子一起吵闹，而且在沙发上蹦来跳去，就是不愿意去洗漱睡觉。妈妈很无奈，站在那里不知所措。

这个时候，爸爸走了过来，一本正经地对大家说："孩子们，熄灯的时间马上就到了，你们只有两分钟的准备时间。"听说要熄灯，航航

和瑞瑞都很怕黑，在爸爸熄灯的同时赶紧去了卫生间。就这样，他们一起洗澡，一起上床，在妈妈的故事声中酣然入睡。

这个世界上，从没有任何一个孩子会在充满童真童趣、活泼浪漫的年龄段主动遵守秩序。父母要知道，帮助孩子建立规则是一个漫长的过程，也必然会遭到孩子的不断挑战。最重要的在于，父母要主动遵守规则，然后再三对孩子强调秩序和规矩，这样才能循序渐进地帮助孩子养成规矩意识，并让孩子意识到，唯有遵守规矩，才会拥有秩序井然的生活。

当父母面对两个孩子同时挑战家庭规则时，一定会感到头大。其实，要想让孩子主动遵守规则，就要帮助孩子理解规则，也要让孩子知道不遵守规则的后果。此外，父母还要讲究方式方法，要让孩子感受到遵守规则带来的乐趣。让孩子乐趣盎然地遵守规则和秩序，比强迫孩子心不甘情不愿地遵守规则和秩序来得更好，也会让教育事半功倍。

孩子生病，是否需要隔离

对于二孩家庭而言，尤其是在两个孩子年纪相仿的情况下，一旦其中有一个孩子患上传染性疾病，很容易会传染给另外一个孩子。在幼儿之间，有很多高发的传染病，如咽峡炎、手足口、支原体肺炎等，在孩子的群体内都会表现出传染性。但是，在考虑是否把两个孩子隔离的时候，父母们往往会很犹豫。大多数父亲相对理智，觉得孩子生病理应隔离，但是妈妈则相对感性，也会有更多的思虑：孩子是否会因为被隔离

而觉得受到歧视？孩子是否会觉得自己被父母抛弃？孩子的心理会留下创伤吗？各种各样的问题接连出现，导致妈妈的心中百转千回：到底要如何对待生病的孩子，才会让他的身体好起来，精神也依然健康快乐？其实，孩子远远没有妈妈所担忧的那么脆弱，只要妈妈平静地告诉孩子，"你生病了，需要把你隔离几天，等到病好了，就可以一切如常"，只要孩子具备一定的理解能力，他们就不会对此有意见。

从心理学的角度而言，不是孩子无法接受隔离，而是妈妈无法接受隔离，所以才会精神紧张，并在面对孩子生病的问题上进退两难。其实，只要妈妈放松心情，孩子的心情自然也会放松，他们当然不会因为暂时的分离而感到难以接受，说不定还会难忘这段病中的日子呢！

也有些父母因为过分担心隔离给孩子带来的心理影响，放弃隔离。不得不说，作为新时代的父母，我们一定要有科学的观念和意识，也要尊重科学。很多疾病的确传染性很强，如果能够防患于未然，避免给另外一个孩子带来痛苦，为何不去做呢？父母要知道，孩子们的感觉是非常敏锐的，他们如同雷达捕捉信息，能够细致入微地观察父母在情绪感受方面的变化。当父母信任孩子，觉得孩子可以做到，孩子的力量就会增强；当父母怀疑孩子的能量，也质疑孩子的心理承受能力，孩子就会表现得很脆弱。所以，妈妈在面对孩子的时候一定要坚定不移，也要态度从容，这样才能传递给孩子积极的能量，也让孩子对于即将发生的事情安之若素、处之泰然。

很多妈妈抱怨，孩子特别愿意黏妈妈，一旦与妈妈分离，就会产生焦虑。其实，这是因为父母过度深入地介入孩子之间的关系和感情，导致孩子对妈妈产生了深深的依赖。的确如此，问题未必出在孩子身上，

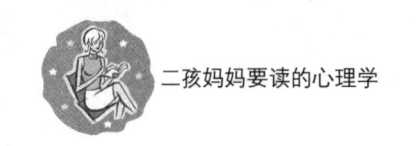

而很有可能是出在妈妈的身上。有些妈妈在不知不觉间夸大了自己对于孩子的重要性，最终也在不断地暗示过程中使孩子意识到自己无法离开妈妈。所以说，不是孩子无法离开妈妈，是妈妈离不开孩子，如果妈妈想让孩子变得更加独立和坚强，就要在教养孩子的过程中有意识地传递给孩子积极放松的情绪，而不要总是过度紧张，陷入焦虑和犹豫之中，否则必然导致孩子变得越来越紧张。

妈妈要知道，父母即使再爱孩子，也并不可能永远陪伴在孩子身边。与其等待孩子渐渐长大，缺乏独立能力，不如在孩子小时候就有的放矢地引导孩子，让孩子逐渐地走向独立。对于很多有分离焦虑症的孩子，妈妈可以先尝试在短时间内离开孩子，然后回来，让孩子亲眼看到，妈妈虽然短暂离开，但是真的会回到他的身边。如此一次又一次地练习，当孩子渐渐地能够以平静的情绪接纳妈妈离开的事实，妈妈还可以有意识地增加离开的时间，直到孩子可以在一整天的时间里跟着爷爷奶奶或者保姆，即使看不到妈妈也不会紧张焦虑，至此，孩子的分离焦虑症也就得以缓解。

当治愈孩子的分离焦虑症后，在孩子生病的时候，他们就可以顺其自然地离开妈妈的身边。当妈妈把隔离的道理告诉孩子，孩子就会产生神圣的责任感，觉得自己离开妈妈是为了保护另一个孩子，如果是男孩，男子汉的豪情也会油然而生。总而言之，关键就在于妈妈要相信孩子，也要给予孩子信任的力量，孩子才能在成长的过程中更好地面对未来，才能够以渐渐强大的力量坦然面对人生未来的风风雨雨和坎坷泥泞。

第 11 章　友好的相处模式，是需要聪明妈妈着力培养的

俩宝分开带真的好吗

前文提到过，在准备要二孩的家庭里，最重要的一点就是要作好思想准备、经济准备、人力准备。其中，尤其是人力准备最为重要。如果说思想上可以边带孩子边调整，经济上有钱可以富养、没钱可以穷养，那么，人力如果不足，就会导致对孩子无法招架，也会使得孩子们在成长过程中面临很多困境。不可否认，养育两个孩子和养育一个孩子相比，必然要付出双倍甚至更多倍的努力，这是因为生养两个孩子绝不是一加一等于二那么简单。为此，有些家庭面对现实的困难，也为了减少孩子们相处中的矛盾和纠纷，会选择把两个孩子分开带。即让爸爸和爷爷奶奶带老大，因为老大更好带，让妈妈和姥姥姥爷带老二，有可能老二还需要吃奶，也因为小婴儿更需要妈妈的陪伴和照顾。

这样虽然暂时缓解了两个孩子相处的矛盾，但是问题也由此生出：养育两个孩子的目的是什么？如果养育两个孩子只会把家庭分散，不但使夫妻之间感情淡漠，也使得手足之间疏离，那么便是没有意义的。正因为如此，前文才说养育二孩之前一定要作好准备，这样才能在不影响家庭生活的基础上，让两个孩子相依相伴、快乐成长。此外，如果把两个孩子分开养育，也会面临一些问题，那就是把两个孩子分散在不同的家庭里，会导致孩子们成长环境差异，每个孩子只能与父母之中的一方亲近，如此必然引起孩子不满。从这个角度来看，这么做对于孩子的身心健康也是不利的。

自从二宝出生之后，妈妈根本没有时间和精力照顾大宝，又因为住在附近的姥姥腿脚不便，所以妈妈只能忍痛割爱，把大宝送到姥姥家

里，由姥爷负责照顾。与此同时，姥爷还要照顾姥姥。这样，妈妈至少可以腾出时间和精力照顾二宝。虽然姥姥姥爷家离得不是很远，爸爸下班之后，也经常去看望大宝，但是大宝总是生气地不愿意理睬爸爸，还说："你们只爱二宝，不爱我，我讨厌你们。"每到周末，爸爸会把大宝接回家，但是，一到晚上，大宝就会吵闹着要回到姥姥姥爷家，口中还念念有词："我要回家睡觉！我要找姥姥姥爷！"看到大宝这样，妈妈觉得心疼不已。

这样过了大概半年多，大宝在幼儿园里表现出明显的攻击倾向，而且常常因为表现不好被老师批评。无奈，老师只好和妈妈联系，让妈妈关注大宝的心理状态。这件事情促使妈妈下定决心把大宝接回身边，虽然家里只有两居室，但是妈妈同时把姥姥姥爷也接到家里。这样一来，姥爷就可以和妈妈一起照顾大宝、二宝还有姥姥，人手凑到一起，总算还能顾得过来。刚刚回到家里的时候，大宝还经常缠着姥姥姥爷带他回家，又过去很长一段时间，大宝才适应在家里的生活，也渐渐地和妈妈、二宝亲近起来。

如果继续把大宝留在姥姥姥爷那里生活，大宝很容易因为平时和爸爸妈妈接触不多而与爸爸妈妈关系疏远、感情淡漠，也会因此对二宝没有感情。此外，由于亲情的缺失，大宝在幼儿园也表现出很强烈的攻击倾向。幸好老师及时把大宝在幼儿园里的情况告知妈妈，妈妈这才引起警惕，及时令一直以来俩宝分开的现象彻底结束。

尤其是在幼年时期，孩子们更需要与父母之间建立亲密无间的关系、拥有深厚的感情，这样孩子才会拥有安全感，才能与身边的人建立良好关系，从而在成长之后与其他人建立良好关系。现代社会，人脉资源已经成为至关重要的资源，每个人在生活中，一定要拥有良好的人际关系，这样才能取得更好的发展和成就。由此可见，幼年时期与亲人的相处模式，对于孩子影响深远，也在很大程度上决定了孩子未来的人生。父母千万不要因为老二到来就把老大送到别人家里带养，如果实在人手不足，可以推迟要老二的时间，也可以雇佣保姆缓解人力上的压力，总而言之，在各种方案中，把老大送到别人家里带养是下下策，不到万不得已最好不要这么做。

很多父母都为了难以让大宝爱二宝而感到烦恼和困惑，殊不知，让大宝爱二宝的最好方式和最佳途径，就是给予大宝更多的爱，让大宝真切感受到父母满满的爱，大宝只有知道爱是什么，并知道爱的具体表现，才能真正去爱二宝，也像父母疼爱他那样去疼爱二宝。从一家三口到一家四口，最大的幸福是家里多了一个彼此相亲相爱的人，但这种幸福不能侵犯到大宝原本享受的爱，让大宝从这个家里被暂时"驱逐"出去。爱，是复杂微妙的感受，是流淌自心底的清泉，也是实实在在的付出，更是无微不至的照顾。作为父母，我们一定要给每个孩子最美妙的爱的初体验，这样孩子才会成长为心中有爱也愿意付出爱的人。

不要在俩宝之间树立榜样

父母的天性除了爱孩子之外，也常常喜欢把孩子拿去和其他孩子作比较。有了二宝之后，原本的独生子女家庭就少了给孩子找比较对象的麻烦，很多父母常常情不自禁地拿两个孩子作比较。前文已经说过拿两个孩子进行比较的后果，也告诫所有二孩父母不要拿两个孩子进行比较，但是，有些父母由此进入另一个误区，那就是虽然不再拿俩宝进行比较，但总是情不自禁地把其中一个孩子树立成为榜样，而号召另一个孩子多多向着榜样学习。

不管父母是否承认，也不管父母多么憧憬两个孩子可以相互扶持、相互鼓励和帮助，事实都是，两个孩子之间一定存在竞争。尤其是随着渐渐长大，到进入幼儿园、小学，孩子就会正式踏足集体，在班集体中就要与其他孩子竞争，如果回到家里又因为榜样的督促和激励作用而不得不和兄弟姐妹竞争，可想而知，结果会多么糟糕。所以，父母要弱化孩子之间的竞争，就不要总是把那个更优秀的孩子树立为榜样。所谓木秀于林、风必摧之，把孩子树立成榜样，他也必然会招致其他兄弟姐妹的嫉恨。这样一来，手足关系就会受到影响，甚至亲子关系也会变得紧张。

随着甜甜逐渐成长，爸爸妈妈对于乐乐的特别关注也转移到甜甜身上。妈妈敏锐地发现，和乐乐小时候的憨厚相比，甜甜显得更加机灵，似乎小心思更多。有的时候，甜甜还会刻意讨好爸爸妈妈，让爸爸妈妈夸奖她。

一个周末，爸爸妈妈带着乐乐甜甜去公园里玩，看到有一个卖棉花糖的，乐乐当即提出要吃棉花糖。妈妈反对："乐乐，你感冒才刚好，吃甜食容易让嗓子发炎，还会上火，不如喝杯果汁吧，也比吃棉花糖更好。"乐乐哼哼唧唧，说："妈妈，我已经很久都没吃棉花糖了，你就给我买一串吧。"这个时候，平日里也很喜欢吃糖的甜甜，突然奶声奶气地说："哥哥，听话，甜甜都听话，不吃棉花糖。"听到甜甜如同

小大人一般说话，妈妈忍不住夸赞甜甜："甜甜真乖，甜甜特别听话，对不对？"甜甜得意地笑了，乐乐原本吃棉花糖的心愿得不到满足，心里正郁闷着呢，此刻又听到妈妈表扬甜甜，不由得生气地说："就她好，就她听话，你们怎么不生她一个呢！"妈妈觉察到乐乐的情绪，赶紧安抚乐乐："当然，乐乐也很棒！"然而，亡羊补牢，虽然未晚，却没有起到预期的效果。后来，乐乐一直都闷闷不乐，再遇到想吃喝的东西，也不再说出来了。

对于敏感的乐乐而言，爸爸妈妈把还很小的妹妹作为他的榜样，这会让他难以接受，他心中曾经以为自己是大哥哥，理所当然要成为妹妹的榜样，也觉得自己处处表现都比妹妹更好，如今却被妹妹赶超，当然觉得很受伤害。其实，关键在于爸爸妈妈，如果爸爸妈妈坚持从正面告诉乐乐为何不能吃棉花糖，相信乐乐会更容易接受。

作为二孩父母，在教养孩子的过程中，我们一定不要随随便便就把其中一个孩子树为榜样，否则很容易偷鸡不成反倒蚀把米，非但没有如愿以偿地激励其他孩子努力和进步，反而激发起其他孩子的逆反心理，导致其他孩子偏偏故意背道而驰，与父母的期望表现完全相反。当父母，不是仅仅凭着对于孩子的爱就能做好的，更要掌握为人父母的技巧和艺术，才能把孩子之间的关系协调好，并建立友好融洽的亲子关系。父母的苦心经营，是孩子获得幸福的关键所在。

看到这里，也许有些父母会感到困惑：既然如此，又要怎样激励孩子呢？不是说榜样的作用对于孩子很强大，可以促使孩子进步吗？当然，孩子是需要榜样的，尤其需要现实生活中的榜样给他们言行举止方面有效的指导。在为孩子树立榜样的时候，父母可以为俩宝选择一个共

同的榜样，诸如舅舅家的表哥、叔叔家的表姐，或者是俩宝共同认识的某个孩子，这样俩宝之间就会相互激励、共同进步。此外，俩宝年纪不同，所以他们接触的人群也不同，父母还可以为俩宝分别树立榜样，从而督促俩宝不断进步，最终有所成就。总而言之，父母要根据孩子的脾气秉性，有的放矢地教育和引导孩子，而不要墨守成规，僵硬地使用各种方法，否则反倒事与愿违。榜样的作用尽管重要，父母也不能盲目地为孩子树立榜样，而应分析孩子的心理状态，并根据孩子成长的实际情况去进行。

第12章
每个孩子都是不同的，公平地去爱他们

对于父母而言，每个孩子都应该是平等的，虽然父母会因为自身的欣赏角度不同或因为每个孩子的脾气秉性不同而对某个孩子有偏爱，但是，正如一位名人所说的，父母对孩子的不公，是兄弟姐妹之间反目成仇的根本原因。所以，作为父母，我们一定要对所有孩子一视同仁，也要公平地去爱每一个孩子。

公平地爱两个宝贝

在所有父母眼里，都觉得新生儿是世界上最可爱、最美妙、值得父母用尽所有的心力去爱的孩子。不管是老大出生还是老二出生，在迎接新生命到来的那一刻，父母一定是满心欢喜的，心底里也因为满满的爱而变得非常柔软。当然，作为老大，大宝在出生的时候一定非常享受父母这样无私的爱，但是，等到大宝真正成为老大、老二降生的时候，老大难免会因为父母对于新生命的这种特殊感情而感到有些失去平衡。尤其是当一边是柔软娇嫩、怎么看都可爱的新生命，而一边是已经开始顽皮捣蛋、常常惹父母生气的老大，父母心中的偏向一目了然。觉得新生命更可爱，这是人之常情，但是这个时期的妈妈往往会对大宝怀有亏欠的心理，所以也会情不自禁地想要弥补大宝，因而会在理性上给予大宝更多的爱与关注。其实，妈妈也无须有亏欠大宝的心理，因为父母爱孩子的表现都是发乎自然的，都是一样地疼爱，只是关注孩子的方式不同而已。

实际上，当二宝出生后，爸爸妈妈之所以觉得亏欠大宝，不是因为真的在言行上亏欠大宝，而是由自身的情绪导致的。很久以前，二宝出生后，全家人都只顾着照顾二宝，而完全忽略了大宝的情绪感受。随着时代的进步，妈妈对于孩子的教育问题更加关注，所以她们会更在乎

大宝的感受，甚至假想出大宝因为二宝的出生受到伤害。实际上，这是父母对于孩子的情绪状态过分紧张的表现，若父母可以坦然接受自身的情绪改变，就不会误解大宝一定会因为二宝的到来而情绪波动。因此，父母要端正心态，要意识到一个家里有两个孩子是非常正常的。这样一来，大宝也会理所当然地接纳二宝。

二宝出生后，妈妈一直强求自己要做绝对公平的妈妈。殊不知，在这个世界上根本没有绝对的公平存在，为此妈妈常常感到非常烦恼，也因此而陷入焦虑的状态之中。甚至，在二宝吃母乳的时候，妈妈为了公平，也要求大宝用奶瓶喝奶。大宝已经四五岁了，对于喝奶完全没有兴趣，经过大宝的几次反抗，妈妈这才放弃。

随着二宝渐渐成长，想要在俩宝之间实现绝对的公平，显得更加困难。例如，每到儿童节，大宝希望可以出去玩，二宝只想留在家里，在家门口的小花园里看蚂蚁。为此，妈妈带着大宝出去玩，而心里一直觉得亏欠二宝。再如，去饭店吃饭的时候，二宝还小，需要妈妈单独给他点菜，大宝已经五岁，只要是不辣的食物，大宝就可以和成人一起享用。但是妈妈偏偏不让，常常也让大宝点一个自己爱吃的菜。在这种纠结的过程中，妈妈觉得心力交瘁。

在这个事例中，妈妈在公平方面无疑是失败的，她之所以会失败，不在于她忽视了公平，而在于她过分强求公平。如果妈妈能够意识到，对于孩子来说绝对的公平是不存在的，父母只能做到相对公平地对待孩子，妈妈就会更加释然，说不定会因为精神放松做得更好呢！

绝对的公平，就像是一条咒语，常常禁锢人的心灵，让人原本可以自由自在的表现反而变得束手束脚。父母对于教养孩子，一定要身心放松，这样才能做到自由自在、内心安然。有的时候，孩子对于所谓的公平并不会像父母那样斤斤计较，例如，二宝会很高兴地用自己的新玩具去换哥哥的旧玩具，也会用自己的一大包零食去换哥哥的一盒薯片，这都是完全正常的。父母千万不要充当两个孩子之间的天平，在孩子们觉得心甘情愿也自得其乐的时候，反而去横亘在孩子们之间，以成人的标准破坏孩子的平衡。父母要认识到，孩子之间的相处非常简单，妈妈既可以继续一如往常地关爱老大，也可以宠溺地怀抱着肥白可爱的老二。妈妈的爱是无穷的，随着孩子的出生，母性的本能会让妈妈主动调节爱孩子的方式，也让每一个孩子都亲身感受和享受妈妈的爱。

除此之外，妈妈还要认识一个客观的事实，那就是在二宝刚刚出生的时候，面对新生命，妈妈会情不自禁地更喜欢二宝，也更加偏爱和用心地照顾二宝。但是，随着二宝渐渐长大，和大宝一样拥有独特的脾气秉性，在这种情况下，妈妈与两个孩子之间也会存在性格是否相合的问题。从本质上而言，亲子关系也是普通人际关系的一种，也需要交往的双方性格相合才能走得更近。在很多家庭里，都会出现孩子更喜欢爸爸或者妈妈的情况，这就是性格因素在起作用。所以，当孩子个性鲜明时，妈妈也会情不自禁地和与自己性格相合的孩子更加亲近，而与和自己性格不相合的孩子疏远一些。这是人际关系的必然规律，妈妈无须过分焦虑。当然，基于这个原因，妈妈也不要特别要求两个孩子的性格相同，因为这是根本不可能的。妈妈要发自内心地接纳孩子，接纳孩子最真实的面目，这才是对孩子最大的尊重和最好的对待。一切顺其自然，就非常好，只要妈妈不故意特别偏爱某一个孩子，而是让孩子同样感受到妈妈的爱，一家四口就能做到其乐融融、和谐融洽地相处。

不要在俩宝之间激发竞争

为了更好地教育孩子，有些妈妈突发奇想，决定用激励孩子竞争的方式，让孩子你追我赶，从而更快速地成长和进步。其实，对于孩子而言，如果父母引导不当，他们很容易陷入恶性竞争，甚至因此而兄弟反目、姐妹成仇。如此一来，亲子关系、手足关系，都会很被动。

在二孩家庭，父母教育孩子时要从正向对孩子展开引导，而不要总是试图剑走偏锋。这是因为孩子们还小，无法区分父母的教育方式和目的，因而往往会对父母最初的愿望产生误解。尤其是孩子们还缺乏自控力，一旦引发竞争，就会导致事态失控，一切未必会按照父母所预期的那样向前发展。因而明智的父母会引导孩子们相亲相爱、携手进步，绝不会为了追求短期的效果而对孩子们提出过分苛刻的要求，或者以不恰当的方式激发孩子们的竞争心态。

一直以来，大宝都不太喜欢吃饭，尤其不喜欢吃肉类的食品，每天最喜欢喝奶，都好几岁了还把奶当成主食。为此，大宝长得很瘦弱，妈妈也很担心。二宝出生之后，妈妈很早就给二宝增加辅食，让二宝适应多口味的食物，为此，二宝的食欲很好，吃嘛嘛香，长得也非常强壮。

等到二宝长到两岁，饭量逐渐增大，每到吃饭的时候，妈妈总是说："大宝，快多多吃饭，不然二宝就要超过你了哦！"有一次，妈妈做了糖醋排骨，恰巧大宝和二宝都很喜欢吃这道菜，为此，菜一上桌，性急的二宝就拿起一块排骨啃起来，大宝性格稳重，不急不缓，虽然也爱吃糖醋排骨，但是并不着急。妈妈看到两个孩子都吃得不错，心里很高兴，也很欣慰。正当这时，二宝吃了两块排骨之后，没有那么饿，因而开始玩起来。妈妈把平日里用在大宝身上的招式用在二宝身上,对二宝说:"二宝,你要认真吃排骨,不然哥哥一会儿会把排骨吃完的。"二宝对吃的有着强烈的爱好和欲望,因此,一听到妈妈的话,赶紧丢下手里的玩具,跑过来把排骨端起来放到玩具旁边。大宝正吃得高兴呢,一看也不乐意,冲上去和二宝厮打起来。转眼之间,原本吃得其乐融融的俩宝突然开始大战,妈妈无奈地站在一旁,无计可施。

在这个事例中,原本两个孩子都很喜欢吃排骨,也都还吃得不错,但是妈妈的一句话在他们之间挑起了事端,导致二宝把一盘排骨都抢走,而大宝不依不饶,上去争夺打闹。通常,人们总以为孩子吃饭都是抢着吃才香,实际上,为孩子营造和平快乐的进餐环境更加重要。尤其是俩宝每天都在一起生活,共同享受一日三餐,如果养成吃东西靠抢的坏习惯,则餐餐不得安宁,遇到俩宝都喜欢吃的美食时,更容易打得不可开交。

对于二孩妈妈来说,最重要的是平衡两个孩子之间的关系,维持俩宝的和平友好,而不是激励孩子们通过竞争的方式彼此抢夺。所以,明智的妈妈不会在两个孩子之间挑起事端,而是会任由孩子们自由地吃喝。很多孩子还会出现挑食的情况,有很多妈妈也会想方设法地解决孩子挑食的问题,其实,孩子挑食如果不特别严重妈妈就要相信孩子会主动自发地吃他们需要的东西。当妈妈的都希望孩子能吃好喝好,因此,除了要煞费苦心地为孩子们准备美味可口的食物之外,还要想方设法地为孩子营造愉悦的进餐环境,让孩子们吃得开心、吃得高兴。

以欣赏的眼光发现每个宝贝的优势

每个孩子都是独立存在的生命个体,即使出自同一个娘胎的孩子们,也有可能性格迥异。有些父母误以为,有了养育老大的经验后,就很容易养育老二,因为可以按照养育老大的方法去养育老二,完全不需要多费心力。这样的想法完全是错误的,是没有可行性的。当父母真正有了二孩,也深入了解了不同的孩子,他们就会发现,每个孩子都是独特的生命个体,有着十分鲜明的性格特征,孩子之间根本没有任何可比性。所以,父母不要奢望把养育老大的经验直接照搬过来用于养育老二,而应更加认真细致地对待和观察老二,这样才能知道老二与老大的不同,并对养育老大的经验取其精华、去其糟粕,以更好地养育老二。

两个孩子之中,如果有一个孩子表现优秀,父母就会情不自禁地产生奢望:"为何另外一个孩子不能也这么优秀呢?要是另一个孩子表现更优秀,那可太好了。"的确,如果养育两个同样优秀且出类拔萃的孩子,父母一定会感到非常骄傲。遗憾的是,孩子不会同样优秀,或者说孩子的优秀会表现在不同的方面,每个孩子都尺有所短、寸有所长。作为父母,我们既要看到一个孩子的缺点,也要看到一个孩子的优点,最忌讳的就是拿一个孩子的优点和另一个孩子的缺点相比较,这样对于另一个孩子是很不公平的。前文说过,父母最好不要把两个孩子放在一起比较,尽管他们有共同的父母,也有相似的成长环境,但是这丝毫不影响他们性格各异,也不影响他们能力特长各不相同。所以,父母要学会把两个孩子孤立开来,接受他们在成长过程中表现各异,并学会发自内心地欣赏他们。

每个孩子从一出生就带有天生的性格色彩，在后期成长的过程中，他们更是会不断地循序渐进地养成自己的性格特征，也更加进步。因此，父母在面对不止一个孩子的时候，要更加尊重孩子的天性和个性，而不要对孩子各种挑剔。父母对孩子真正的爱，是接纳孩子的一切，且接纳孩子最本真的面目。

妈妈每天与两个宝贝朝夕相处，很快就发现了出生不久的二宝与大宝截然不同——大宝性格急躁，二宝性格平和。尚在襁褓之中时，大宝每次吃奶都火急火燎，恨不得马上把奶吃到肚子里；但是二宝呢，哭起来也是不急不缓，绝不一声紧接一声。

随着渐渐长大，大宝和二宝的性格差异更明显地表现出来。当然，他们在天赋上面也有很大的不同，例如，大宝表现欲强，喜欢唱歌；而二宝喜欢安静地看书，也喜欢绘画。有一次，妈妈带着大宝和二宝去商场里玩耍，大宝马上跑到跳舞机上哼哼哈嘿；而二宝则待在沙画的小店里，坐在座位上，安安静静地画画。活泼爱动的大宝非常喜欢运动，尤其擅长体育；二宝则安静内向，喜静而不喜动。有段时间，体弱的二宝常常生病，妈妈无奈地说："二宝啊二宝，你要是和哥哥一样爱运动，那就太好了。"然而，二宝还是很安静，除非不得已，否则还是更喜欢待在家里。妈妈常常感到发愁：二宝这么安静，还是男汉子，长大以后可怎么办呢？然而，二宝进入学校之后，在学习方面非常专注，而且很有学习的天赋，不但学习成绩好，在学习方面也有很好的表现。而大宝呢，因为活泼好动，体格强健，居然成为体育生，选择练习田径。妈妈这才恍然大悟：原来，大宝体格强健就是为了练习体育的，二宝体格娇弱，但是内心安静，正是学习的好材料。

的确，不管两个孩子性格差异多么大，他们最终都能找到自己的发展方向，从而获得更好的成长和发展。作为妈妈，我们不要只顾着看孩子性格方面的缺点，也要看到孩子在性格方面的优点和长处，更要努力发掘孩子身上的闪光点，这样才能帮助孩子扬长避短、取长补短，从而让孩子在成长方面有更好的表现和更长足的进步。

父母一定不要试图纠正孩子，更不要总是对孩子设置各种框架、让孩子必须按照他们所期望的样子去成长，而是应该尊重孩子的天性，给予孩子更大的成长空间，这样孩子才能发挥天性，自由自在地成长。父母在引导和教育孩子的过程中，还应该更加深入地了解孩子，从而做到有的放矢、因材施教，而不能总是强求孩子必须按照自己的希望去成长和发展。记住，父母即使再爱孩子，也不能替代孩子走完人生，更不要把孩子作为自己未完成愿望的继承者。记住，孩子尽管因着父母来到这个世界上，但是他们并不是父母的附属品，更不是父母的私有物，作为父母，我们一定要更加了解孩子，尊重和接纳孩子的天性，这样才能让孩子在成长过程中展翅翱翔，拥有更加美好的未来。

给俩宝完全安心的感觉

很多二孩妈妈都有一个惊奇的发现，那就是自从二宝出生之后，大宝有时候也变得越来越幼稚，有很多行为倒退回到婴儿时代。例如，二宝在吃奶时，大宝也要求吃奶，甚至要求和二宝一样吃妈妈的奶。大宝原本已经能够独立穿衣服，也可以独立吃饭，但是，看到妈妈给二宝喂

饭，大宝马上表示抗拒，不再愿意独立吃饭，而是坚持让妈妈喂饭。这到底是为什么呢？如今，二孩家庭不断增多，很多二孩家庭里的老大都出现这样的情况——突然之间返回到婴儿时代。实际上，从孩子的心理发展角度而言，大宝之所以出现这样的行为表现，完全是正常的。也有心理学家曾经指出，如果大宝在二宝出生之后没有出现行为倒退现象，则未来大宝出现心理问题的可能性更大，因为这说明大宝在尽量减轻二宝出生给他带来的影响，也努力忽视生活中诸多的改变。由此可知，大宝一定在压抑自己的内心，当心理问题和负面情绪积累到一定程度的时候，大宝就会出现严重的心理问题。

在二孩家庭里，大宝之所以出现严重的行为退缩，最重要的是心理原因，即大宝看到父母非常疼爱二宝，情不自禁地也想要回到婴儿时代，以再次感受妈妈对自己的十足疼爱和宠溺。释放情绪的大宝，会当即对妈妈提出这样的要求，而压抑情绪的大宝，表面上看起来风平浪静，实际上内心深处很有可能已经翻江倒海、波澜起伏。情绪就像是流水，处于流动的状态才能保持新鲜，而当大宝把情绪淤积在心里，就会由此衍生出各种各样的心理问题。面对大宝的风平浪静，妈妈应该足够关注，也可以主动引导大宝表达内心的感受，从而可以有的放矢地满足大宝的情感需求。这样一来，大宝的情绪才能找到出口，他才能保持心理健康和情绪平静。

妹妹出生之后，全家人都把重心放在妹妹身上，哥哥无形中被忽视了。有一天晚上，妹妹哭闹不止，妈妈抱着妹妹走来走去，想帮助妹妹恢复安静，正累得满头大汗之际，突然看到哥哥正躲在自己的房间里辗转反侧，无法入睡呢！妈妈不由得对哥哥生出内疚感，好不容易把妹

妹哄睡着，便去了哥哥的房间，对哥哥说："宝贝，刚才妹妹一直在哭，吵到你了吧？"哥哥懂事地摇摇头，妈妈又说："小小的婴儿总是很吵，因为哭是他们唯一的语言，他们饿了会哭，热了会哭，冷了会哭，撒尿了会哭，拉臭臭了也会哭，总而言之，他们除了在笑，就是在哭。"听了妈妈的话，哥哥忍不住笑起来，妈妈把哥哥拥抱在怀里，说："还是我的大宝贝最听话。你知道么，你小时候可没有这么爱哭，总是吃饱了肚子就自己乐呵呵地玩，很多人看到你，都说这个孩子可真乖。来，让妈妈再抱抱你，好不好？感受一下我乖巧的大宝贝，妈妈才有力量去应付小妹妹接二连三的哭泣啊！"在妈妈的赞赏中，哥哥从此前的羞涩，到后来蜷缩在妈妈怀里感受着妈妈的温暖和爱抚。妈妈明显感觉到，经过这样的亲近，哥哥和她的关系似乎更进一步，彼此间的感情也更加深厚了。

对于妈妈来说，不要奢望大宝对于二宝的到来波澜不惊，一切如常，哪怕大宝的表现真的非常好，妈妈也要对大宝更加关注。唯有主动引导大宝说出心里的话，并及时消除大宝的负面情绪，大宝才能健康快乐地成长。二孩妈妈一定是比独生子女的妈妈更加辛苦的，不但要照顾两个孩子的吃喝拉撒，还要兼顾两个孩子的情绪和心理问题，必须面面俱到，才能使全家人其乐融融地友好相处。

很多妈妈因为大宝的行为倒退现象而感到焦虑紧张，殊不知，这正是由妈妈自身的情绪问题导致的。只要妈妈摆正心态，认识到大宝出现行为倒退现象是二宝到来之后大宝必然经历的阶段，且是必然呈现的行为表现，妈妈就能够放宽心，也可以做到对于一切都更加理性坦然地接受。只要妈妈给予大宝足够的爱和关注，让大宝意识到妈妈对于他和二

宝的爱是完全相同的，他就会放弃以这样的行为倒退来吸引妈妈的关注的想法，更不会装作小婴儿的样子来赢得妈妈的爱。

当俩宝争夺妈妈的"奶瓶"

在不少二孩家庭里，二宝出生后，大宝会和二宝争夺妈妈的"奶瓶"，尤其是看到二宝有滋有味地吃着妈妈的"奶瓶"时，大宝看着曾经属于自己的"奶瓶"，一定会产生各种难言的滋味和感受。有些大宝性格内敛，也许会选择无视这种现象，而有些大宝性格外向，当看到二宝霸占了自己的"奶瓶"，他们一定会马上爆发出负面情绪，甚至为此明显表现出对妈妈的不满和对二宝的厌恶与反感。为了收回自己的"奶瓶"，大宝还会和二宝争夺，俩宝都认为妈妈的"奶瓶"是自己的，由此，大宝叫、二宝闹，家里乱成了一锅粥。

尤其是老大年纪也比较小的情况下，面对自己熟悉和亲密的"奶瓶"被小宝宝霸占，他们心中一定是五味杂陈的，也会因此而怀疑自己是否同时失去了妈妈的爱。对于妈妈来说，当发现大宝对于"奶瓶"依然怀着兴趣和憧憬的时候，不妨让大宝也过来吃奶。也许大宝在吃了一口奶之后觉得很难吃，就不愿意吃了，但是，从妈妈对他们的态度上，他们会感受到妈妈的爱与包容，也会因此而得到安全感。或者，当老二已经到了一岁前后，看到妈妈邀请哥哥或者姐姐来吃奶，赶紧贪婪地护着那个空的"奶瓶"时，老大也会感到很高兴，毕竟他们由此知道妈妈是接纳他们的。在很多幼儿的心中，妈妈的"奶瓶"就是爱的象征，所

以，二孩家庭里，两个孩子常常会为了争夺"奶瓶"而不停地争执。

二孩家庭里，当两个孩子同时含着妈妈的"奶瓶"时，他们的内心里一定都是安然与满足的。妈妈千万不要训斥大宝，也不要只想从理智上说服大宝："妈妈的'奶瓶'曾经属于你，现在属于小宝宝，因为你已经不用吃奶了。"这不是一个好的方法，对于孩子而言也不是强有力的说服，妈妈可以告诉孩子："妈妈的'奶瓶'以前属于你，现在也属于你，不过你长大了，可以吃饭，小宝宝还小，只能吃奶。所以，如果可以，你要把"奶瓶"先分享给小宝宝用。或者，你想和小宝宝一起吃奶也可以。"这样一来，大宝一定会感到更加安心，也能够保持内心的平静情绪，与小宝宝一起分享，或者看着小宝宝贪婪地享用妈妈的"奶瓶"。最重要的在于，帮助大宝保持内心平静，这样大宝才能经过理智思考认识到一个现实：只有小宝宝才需要吃奶。有了这样的想法，他们就会接受小宝宝吃奶、自己吃饭的现实，不再为此而感到愤愤不平了。

父母不仅要保障孩子在吃喝拉撒方面的生理需求都得到满足，也要满足孩子们在心理和情感方面的需求。真正健康快乐的孩子，是身心发展都得到满足的孩子，是能够在成长的道路上平衡各方面关系的孩子。若孩子从小就在和谐友好的氛围中成长，他们的心智发育就会更加成熟，情绪情感都会处于稳定的状态，这对于孩子而言当然是非常好的。妈妈要记住，无论何时，当老大对于妈妈的"奶瓶"属于谁而产生困惑的时候，要当机立断告诉孩子："妈妈的奶瓶是属于你的，你可以让给弟弟妹妹吃，也可以和弟弟妹妹一起吃。"孩子所想要的就是这个回答带来的安全感，不是吗？作为妈妈，我们有义务让每个孩子都感到安心，也有义务给予每个孩子满满的安全感。

不要总是要求大宝忍让

当一个家庭里不止有一个孩子的时候，孩子们之间的相处就会进入一个神奇的平衡状态，那就是老大自然而然地拿出哥哥姐姐的架势，而老二理所当然地扮演好弟弟妹妹。这是兄弟姐妹之间天生的相处之道，是由生命神奇的本能决定的，无须任何人去安排。偏偏有很多父母总是多此一举，在孩子们相处的过程中，父母常常忍不住插上一竿子，非要安排大宝必须忍让二宝。渐渐地，二宝察言观色，知道父母更加偏爱他，难免会趁机挑衅，欺负哥哥姐姐。看到这里，也许很多父母觉得二宝不可能这么做——的确，二宝不是有意识地这么做，而是在不知不觉间就已经这么做了。孩子最擅长察言观色，父母可不要小觑孩子的观察力和敏锐力。

尤其是在孩子之间发生矛盾和争执的时候，父母更是应该成为最佳的旁观者，而不要动辄介入孩子之间，更不要不自量力地充当裁判者的角色。父母要知道，孩子能够根据彼此的身心发展水平，也根据事情的具体情况，整理出相处的规则和秩序。他们之间有着微妙的平衡状态，这是父母不应该打破的。明智的父母会更加信任孩子，相信孩子会找到彼此的相处之道，也会为孩子们的平衡点赞。

自从有了甜甜，妈妈可算有了贴心小棉袄，因此对于甜甜非常疼爱。每当甜甜与哥哥乐乐之间发生矛盾，一听到甜甜的哭泣，妈妈就火急火燎，赶紧赶上去充当救火员。只可惜，妈妈是甜甜的御用"救火员"，每当看到乐乐不愿意让着甜甜，妈妈总是不由分说训斥乐乐："乐乐，你是哥哥，怎么就不知道让着妹妹呢！你都多大了，比妹妹大

七岁呢，还总是和妹妹争夺玩具！"一开始，妈妈这么说完之后，乐乐还能稍微让着妹妹一些，但是，当妈妈说的次数多了，乐乐也不再愿意让着妹妹。有的时候，被妈妈说得着急了，乐乐还会愤愤不平："凭什么我就要让着她，我偏不让，偏不让！"

有一天，甜甜非要看乐乐新买回来的书，乐乐不乐意，甜甜就跟着抢夺。妈妈问甜甜："甜甜，你认识字吗？你根本还不会看书啊！"四岁的甜甜可不管这么多，坚持要看，还说自己认识字。无奈，妈妈又转而教育乐乐："乐乐，你就把书给甜甜看一下吧，看一下又不会把书看坏，你怎么就这么小气呢？"乐乐原本还在庆幸妈妈这次是在批评甜甜，却没想到妈妈突然话锋一转，就把矛头指向自己了。为此，乐乐很委屈地喊道："这是我的书，这是我的书，甜甜为什么不看她自己的书！"乐乐平日里就很爱书，为此，妈妈看到乐乐过激的反应，意识到这可能真的触及乐乐的底线，所以把甜甜哄到一旁玩积木去了。

若妈妈总是要求大宝必须让着二宝，对于大宝而言，这无疑是不公平的。对于乐乐来说，一次两次地让着甜甜，也许没关系，但是，当三番五次都要让着甜甜，他当然会觉得心里很不平衡，尤其他是被迫让着甜甜，因此更难以接受。

在二孩家庭里，妈妈总是想象着大宝能够更加听话懂事，最好可以和妈妈一起承担起照顾二宝的重任。殊不知，大宝也是孩子，也正处于童年，他们人生的节奏不会因为二宝的到来就突然加速。妈妈要尊重孩子成长的节奏，也要在两个孩子始终维持微妙的平衡。不管是从公平对待大宝的角度来说，还是从引导二宝健康成长的角度来说，妈妈都不应该不由分说就让大宝让着二宝，否则必然招致大宝不满，也使得对于大

宝的教育难以积极展开。

　　不要求大宝忍让，是妈妈的智慧。在妈妈平等的爱中，大宝会获得安全感，与妈妈之间的关系更加亲密、感情更加深厚。与此同时，也可以避免二宝感受到妈妈的态度，因而故意在妈妈的袒护之下任性骄纵。每一个明智的妈妈都不会要求大宝忍让，每一个孩子也只有在平等的家庭关系和愉悦的家庭氛围中，才能健康快乐地成长。换一个角度而言，与其压抑大宝，强求大宝被动地让着弟弟或者妹妹，妈妈不如更加爱大宝，让大宝感受到妈妈的爱，也知道爱的力量，从而积极主动地爱弟弟或者妹妹。这样一来，也许取得的短期结果是相同的，但是长期效用则完全不同。在妈妈的爱和手足之爱中长大的孩子们，内心不会缺少爱，他们会拥有健康快乐的心态。即使在长大成人后要融入社会、走入人群，与更多的人相处，他们也会有更好的行为表现。

参考文献

[1] 冯颖.二孩妈妈一定要懂的心理学[M].北京：化学工业出版社，2018.

[2] 冯颖.二孩时代[M].北京：化学工业出版社，2018.